普通高等教育"十三五"应用型人才培养规划教材

计算机
辅助设计技术

李成勇　黄　燕　●　编著

西南交通大学出版社
·成　都·

图书在版编目（CIP）数据

计算机辅助设计技术/李成勇，黄燕编著. —成都：
西南交通大学出版社，2017.1（2020.1 重印）
ISBN 978-7-5643-5229-5

Ⅰ.①计… Ⅱ.①李… ②黄… Ⅲ.①计算机辅助设计 – AutoCAD 软件　Ⅳ.①TP391.72

中国版本图书馆 CIP 数据核字（2017）第 007406 号

计算机辅助设计技术

李成勇　黄　燕　**编著**

责　任　编　辑	穆　丰
封　面　设　计	何东琳设计工作室
出　版　发　行	西南交通大学出版社 （四川省成都市二环路北一段 111 号 西南交通大学创新大厦 21 楼）
发 行 部 电 话	028-87600564　028-87600533
邮　政　编　码	610031
网　　　　址	http://www.xnjdcbs.com
印　　　　刷	四川森林印务有限责任公司
成　品　尺　寸	185 mm×260 mm
印　　　　张	10.75
字　　　　数	242 千
版　　　　次	2017 年 1 月第 1 版
印　　　　次	2020 年 1 月第 2 次
书　　　　号	ISBN 978-7-5643-5229-5
定　　　　价	29.80 元

课件咨询电话：028-81435775
图书如有印装质量问题　本社负责退换
版权所有　盗版必究　举报电话：028-87600562

前言 Preface

计算机辅助技术就是利用计算机及其图形设备帮助设计人员进行设计工作,简称CAD。在工程和产品设计中,计算机可以帮助设计人员担负计算、信息存储和制图等项工作;CAD能够减轻设计人员的劳动负担,缩短设计周期和提高设计质量。

计算机辅助技术在计算机的应用领域不断扩大,应用水平不断提高和计算机科学技术的快速发展情况下不断深入和拓宽发展。CAD 和 CAM 首先在飞机、汽车和船舶等大型制造业应用中趋于成熟,开发出许多可供公用的工具软件和应用软件,后来其应用逐步推广到机械、电子、轻纺和服装等产品的制造业以及建筑、土建等工程项目。同时,它的技术和方法也被推广到新的计算机辅助领域,例如计算机辅助工艺规划(CAPP)、计算机辅助测试(CAT),以及应用计算机对制造型企业中的生产和经营活动的全过程进行总体优化组合的计算机集成制造系统(CIMS)。另外,还有用于教学和培训目的的计算机辅助教学(CAI)。

本书以实践应用为主旨,以强化学生对理论知识的理解为主线,知识点随着实际项目任务的需要引入,使学生在完成项目任务的同时掌握知识和技能,确保岗位所需专业技能的同时又兼顾原有知识体系的相对完整性,有效地达到对电气 CAD 制图知识体系的构建。使学生能够具备电气系统原理图及电气设备安装图的设计分析能力、具备常用绘图软件的实践操作能力、具备常用电气系统原理图及电气设备安装图实际应用的综合分析能力,了解目前电气系统原理图及电气设备安装图的最新发展及其在各领域中的应用。掌握常用电气系统原理图及电气设备安装图的绘制流程,会有效地与前后工作程序相衔接。正确掌握开展项目任务时所使用绘图软件种类的选择原则,能看懂常用电气系统原理图及电气设备安装图,能独立完成教学基本要求规定的项目实验。通过典型的项目任务导入教学方式,培养学生严谨细致的工作态度,爱岗敬业,对待工作和学习一丝不苟、精益求精的精神。具备团队协作能力,吃苦耐劳、诚实守信的优秀品质。具有较强的事业心和责任感,具有良好的心理素质和身体素质。具有理论联系实际的良好学风,具有发现问题、分析问题和解决问题的能力,以及理论联系实际的能力。

本书由重庆工程学院李成勇、黄燕编著，其他参与编写的还有董钢、代红英、李翠锦、余方能。李成勇、黄燕负责全书的整体策划和统稿工作。其中，李成勇编写了情景一、情景二、情景三、情景四、情景五、情景六、情景七；黄燕编写了情景八、情景十、情景十一、情景十三；董钢编写了情景九、情景十二；代红英编写了情景十三；李翠锦编写了情景十四、情景十五；余方能编写了情景十六。

在编写过程中，编者力图使本书的知识性和实用性相得益彰，但鉴于水平有限，有不足之处请广大读者批评指正。

编者
2017年1月

/ 目 录 /
CONtents

情景一	AutoCAD 2008 入门基础	1
1.1	计算机绘图相关知识	1
1.2	AutoCAD 2008 的界面组成	2
1.3	图形文件管理	6
情景二	介绍 ZWCAD 的绘图基础	9
2.1	设置绘图环境	9
2.2	使用命令与系统变量	10
2.3	绘图方法	12
2.4	使用坐标系	15
情景三	规划和管理图层	18
3.1	规划图层	18
3.2	管理图层	20
情景四	绘制二维平面图形	24
4.1	绘制点对象	24
4.2	绘制直线、射线和构造线	25
4.3	绘制矩形和正多边形	25
4.4	绘制圆、圆弧、椭圆和椭圆弧	26
4.5	绘制与编辑多线	28
4.6	绘制与编辑多段线	30
4.7	绘制与编辑样条曲线	30
4.8	徒手绘制图形	31
情景五	选择与编辑二维图形对象	33
5.1	选择对象	33
5.2	使用夹点编辑对象	35
5.3	删除、移动、旋转和对齐对象	36
5.4	复制、阵列、偏移和镜像对象	37

5.5	修改对象的形状和大小	39
5.6	倒角、圆角和打断	40
5.7	编辑对象特性	42

情景六　控制图形显示 ························43

6.1	重画与重生成图形	43
6.2	缩放视图	43
6.3	平移视图	45
6.4	使用命名视图	46
6.5	使用鸟瞰视图	46
6.6	使用平铺视口	47
6.7	打开或关闭可见元素	49

情景七　精确绘制图形 ························51

7.1	使用捕捉、栅格和正交功能定位点	51
7.2	使用对象捕捉功能	52
7.3	使用自动追踪	53
7.4	使用动态输入	54

情景八　创建面域与图案填充 ··················57

8.1	将图形转换为面域	57
8.2	使用图案填充	58
8.3	绘制圆环、宽线与二维填充图形	61

情景九　创建文字和表格 ······················63

9.1	创建文字样式	63
9.2	创建与编辑单行文字	64
9.3	创建与编辑多行文字	65
9.4	创建表格样式和表格	66

情景十　标注图形尺寸 ························70

10.1	尺寸标注的规则与组成	70
10.2	创建与设置标注样式	72
10.3	长度型尺寸标注	76
10.4	半径、直径和圆心标注	77
10.5	角度标注与其他类型的标注	78
10.6	形位公差标注	79
10.7	编辑标注对象	80

情景十一	使用块、属性块、外部参照和 AutoCAD 设计中心	82
11.1	创建与编辑块	82
11.2	编辑与管理块属性	84
11.3	使用外部参照	87
11.4	使用 AutoCAD 设计中心	89
11.5	查询图形对象信息	91
情景十二	输出 AutoCAD 图形	94
12.1	创建和管理布局	94
12.2	使用浮动视口	96
12.3	打印图形	97
12.4	发布 DWF 文件	98
12.5	将图形发布到 Web 页	99
情景十三	二维图形绘制综合实例	101
13.1	制作样板图	101
13.2	绘制零件平面图	104
13.3	绘制三视图	106
情景十四	绘制三维图形	108
14.1	三维绘图基础	108
14.2	绘制三维点和线	111
14.3	绘制三维网格	111
14.4	绘制基本实体	113
14.5	通过二维图形创建实体	114
情景十五	编辑和渲染三维对象	116
15.1	三维实体的布尔运算	116
15.2	编辑三维对象	118
15.2	编辑三维实体对象	119
15.3	标注三维对象的尺寸	121
15.4	渲染对象	121
情景十六	绘制简单三维机件造型	124
16.2	绘制三通模型	125
附录一	CAD 使用技巧	127
附录二	CAD 制图练习	159
参考文献		162

情景一　AutoCAD 2008 入门基础

图形是表达和交流技术思想的工具。随着 CAD（Computer Aided Design，计算机辅助设计）技术的飞速发展和普及，越来越多的工程设计人员开始使用计算机绘制各种图形，从而解决了传统手工绘图中存在的效率低、绘图准确度差及劳动强度大等缺点。在目前的计算机绘图领域，AutoCAD 是使用最为广泛的计算机绘图软件。

1.1　计算机绘图相关知识

计算机绘图作为设计工作的一个重要手段已经被广泛应用于科学研究、电子、机械、建筑、航天、造船、石油化工、土木工程、冶金、农业气象、纺织、轻工等领域，并发挥了愈来愈大的作用。计算机绘图相关知识如下：

计算机绘图的概念；

计算机绘图系统的硬件组成；

计算机绘图系统的软件组成；

AutoCAD 的基本功能。

1.1.1　计算机绘图的概念

计算机绘图系统由软件系统和硬件系统组成。其中，软件是计算机绘图系统的核心，而相应的系统硬件设备则为软件的正常运行提供了基础保障和运行环境。另外，任何功能强大的计算机绘图系统都只是一个辅助工具，系统的运行离不开系统使用人员的创造性思维活动。因此，使用计算机绘图系统的技术人员也属于系统组成的一部分，将软件、硬件及人这三者有效地融合在一起，是发挥计算机绘图系统强大功能的前提。

1.1.2　计算机绘图系统的硬件组成

计算机绘图的硬件系统通常是指可以进行计算机绘图作业的独立硬件环境，主要由主机、输入设备（键盘、鼠标、扫描仪等）、输出设备（显示器、绘图仪、打印机等）、信息存储设备（主要指外存，如硬盘、软盘、光盘等）以及网络设备、多媒体设备等组成，如图 1-1 所示。

主机；

外存储器；

图形输入设备；

图形输出设备。

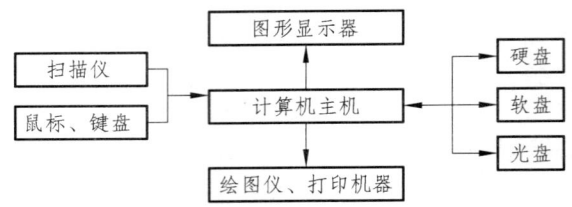

图 1-1　计算机绘图系统的硬件组成

1.1.3　计算机绘图系统的软件组成

在计算机绘图系统中，软件配置的高低决定着整个计算机绘图系统的性能优劣，是计算机绘图系统的核心。计算机绘图系统的软件可分为 3 个层次，即系统软件、支撑软件和应用软件，即：

系统软件；

支撑软件；

应用软件。

1.1.4　AutoCAD 的基本功能

AutoCAD 是由美国 Autodesk 公司开发的通用计算机辅助绘图与设计软件包，具有功能强大、易于掌握、使用方便、体系结构开放等特点，能够绘制平面图形与三维图形、标注图形尺寸、渲染图形以及打印输出图纸，深受广大工程技术人员的欢迎。AutoCAD 自 1982 年问世以来，已经进行了 10 余次升级，功能日趋完善，已成为工程设计领域应用最为广泛的计算机辅助绘图与设计软件之一。其基本功能如下：

绘制与编辑图形；

标注图形尺寸；

渲染三维图形；

输出与打印图形。

1.2　AutoCAD 2008 的界面组成

AutoCAD 2008 提供了"二维草图与注释""三维建模"和"AutoCAD 经典"三种工作空间模式。默认状态下，打开"二维草图与注释"工作空间，其界面主要由菜单栏、工具栏、工具选项板、绘图窗口、文本窗口与命令行、状态栏等元素组成，如图 1-2 所示。

情景一　AutoCAD 2008 入门基础

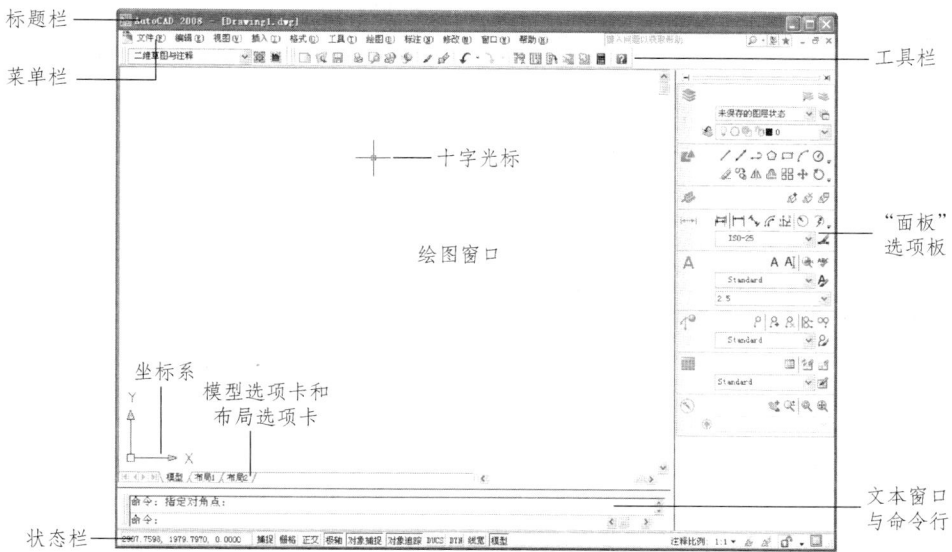

图 1-2　AutoCAD 2008 界面

1.2.1　标题栏

标题栏位于应用程序窗口的最上面，用于显示当前正在运行的程序名及文件名等信息。如果是 AutoCAD 默认的图形文件，其名称为 DrawingN.dwg（N 是数字）。单击标题栏右端的空缺按钮，可以最小化、最大化或关闭应用程序窗口。标题栏最左边是应用程序的小图标，单击它将会弹出一个 AutoCAD 窗口控制下拉菜单，可以执行最小化或最大化窗口、恢复窗口、移动窗口、关闭 AutoCAD 等操作。

1.2.2　菜单栏

菜单栏如图 1-3 所示。

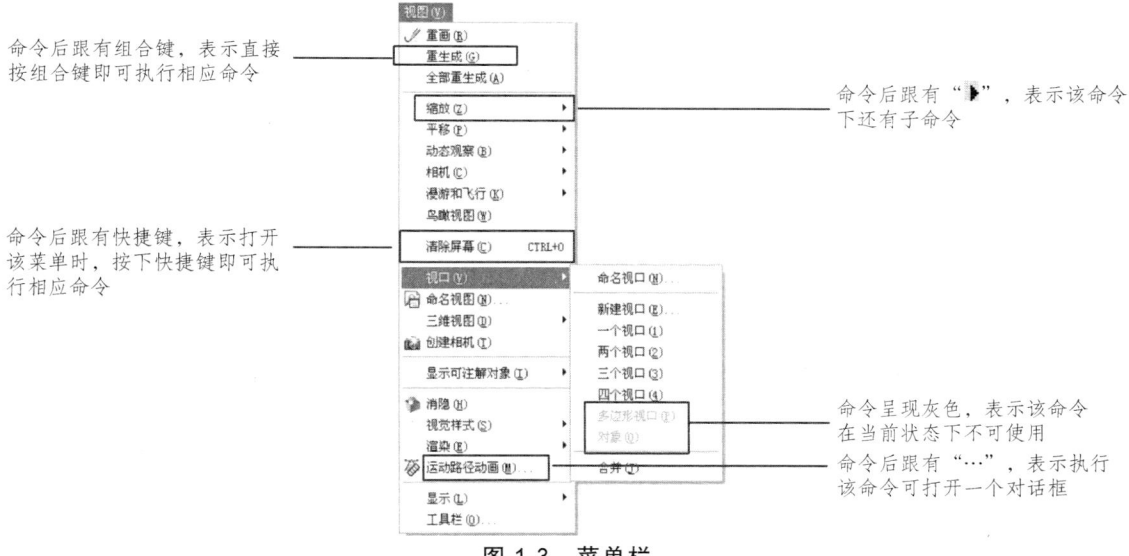

图 1-3　菜单栏

- 3 -

1.2.3 "面板"选项板

面板是一种特殊的选项板,用于显示与基于任务的工作空间关联的按钮和控件,AutoCAD 2008 增强了该功能,如图 1-4 所示。它包含了 9 个新的控制台,更易于访问图层、注解比例、文字、标注、多种箭头、表格、二维导航、对象属性以及块属性等多种控制功能,提高工作效率。

1.2.4 工具栏

工具栏是应用程序调用命令的另一种方式,它包含许多由图标表示的命令按钮。在 AutoCAD 中,系统提供了二十多个已命名的工具栏。默认情况下,"工作空间"和"标准注释"工具栏处于打开状态,如图 1-5 所示。

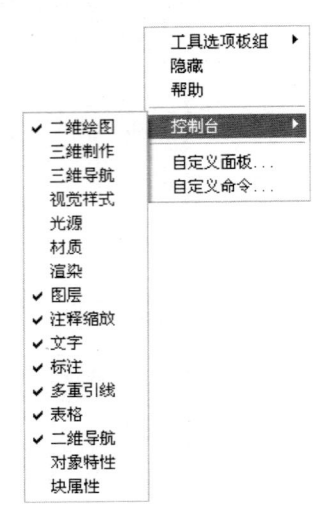

图 1-4 面板选项板

(a)"工作空间"工具栏

(b)"标准注释"工具栏

图 1-5 工具栏

1.2.5 绘图窗口

在 AutoCAD 中,绘图窗口是绘图工作区域,所有的绘图结果都反映在这个窗口中。可以根据需要关闭其周围和里面的各个工具栏,以增大绘图空间。如果图纸比较大,需要查看未显示部分时,可以单击窗口右边与下边滚动条上的箭头,或拖动滚动条上的滑块来移动图纸。

1.2.6 命令行与文本窗口

"命令行"窗口位于绘图窗口的底部,用于接收输入的命令,并显示 AutoCAD 提示信息。在 AutoCAD 2008 中,"命令行"窗口可以拖放为浮动窗口,如图 1-6 所示。文本窗口与命令行类似。

图 1-6　命令窗口

1.2.7　状态栏

状态栏用来显示 AutoCAD 当前的状态，如当前光标的坐标、命令和按钮的说明等，如图 1-7 所示。

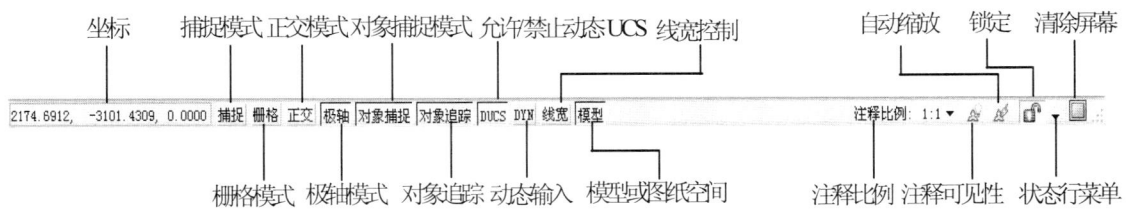

图 1-7　状态栏

1.2.8　AutoCAD 2008 的三维建模界面

在 AutoCAD 2008 中，选择"工具"→"工作空间"→"三维建模"命令，或在"工作空间"工具栏的下拉列表框中选择"三维建模"选项，都可以快速切换到"三维建模"工作界面，如图 1-8 所示。

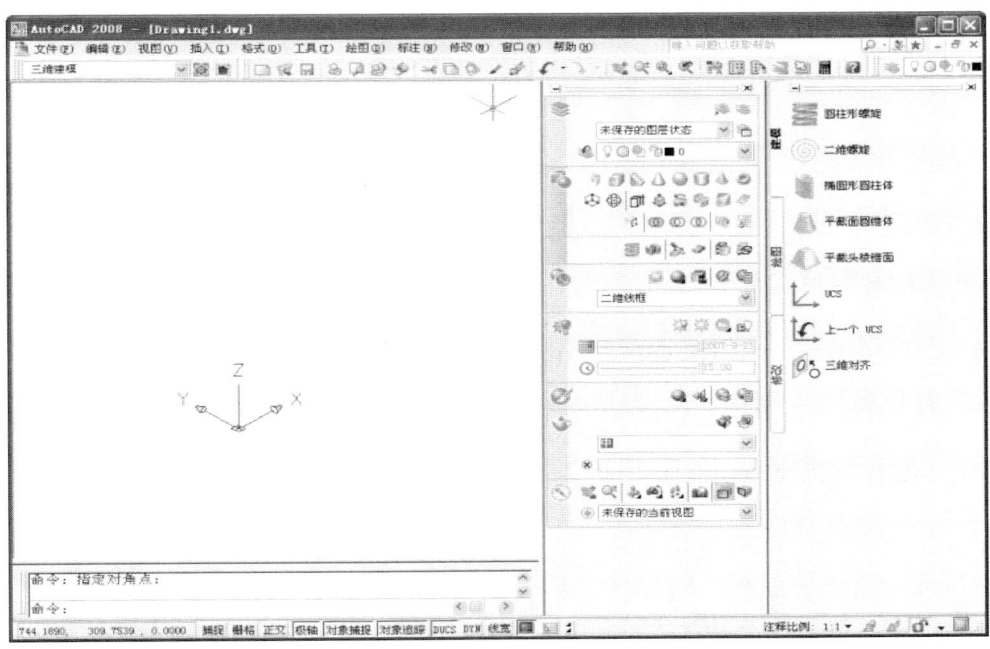

图 1-8　AutoCAD 2008 三维建模界面

1.3 图形文件管理

在 AutoCAD 中，图形文件管理一般包括创建新文件、打开已有的图形文件、保存文件、加密文件及关闭图形文件等，如下所示：

创建新图形文件；

打开图形文件；

保存图形文件；

加密保护绘图数据；

关闭图形文件。

1.3.1 创建新图形文件

选择"文件"→"新建"命令（NEW），或在"标准注释"工具栏中单击"新建"按钮，可以创建新图形文件，此时将打开"选择样板"对话框，如图1-9所示。

图 1-9 选择样板对话框

1.3.2 打开图形文件

选择"文件"→"打开"命令（OPEN），或在"标准注释"工具栏中单击"打开"按钮，此时将打开"选择文件"对话框，如图1-10所示。

1.3.3 保存图形文件

在 AutoCAD 中，可以使用多种方式将所绘图形以文件形式存入磁盘。例如，可以选择"文件"→"保存"命令（QSAVE），或在"标准注释"工具栏中单击"保存"按钮，系统以当前使用的文件名保存图形；也可以选择"文件"→"另存为"命令（SAVEAS），将当前图形以新的名称保存，如图1-11所示。

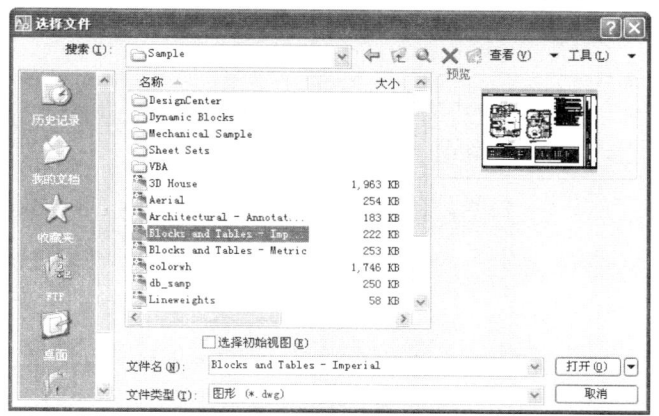

图 1-10 选择文件对话框

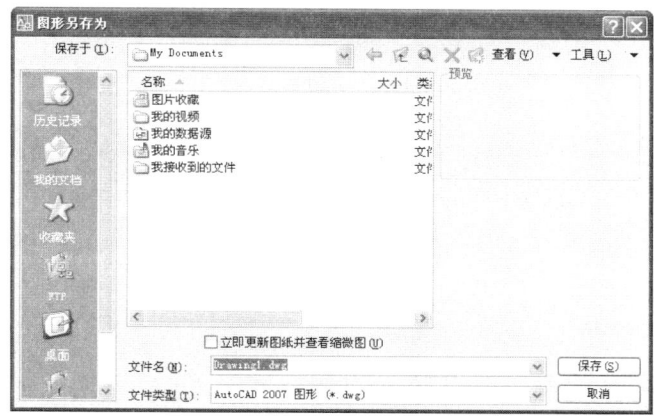

图 1-11 图形另存为对话框

1.3.4 加密保护绘图数据

编辑超级链接选择"文件"→"保存"或"文件"→"另存为"命令时，将打开"图形另存为"对话框。在该对话框中选择"工具"→"安全选项"命令，此时将打开"安全选项"对话框，如图 1-12 所示。

图 1-12 安全选项对话框

1.3.5 关闭图形文件

选择"文件"→"关闭"命令（CLOSE），或在绘图窗口中单击"关闭"按钮，可以关闭当前图形文件，如图 1-13 所示。

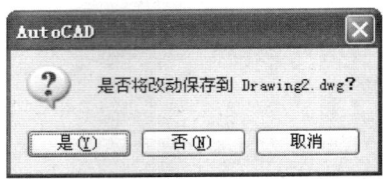

图 1-13　关闭当前图形

情景二 介绍 ZWCAD 的绘图基础

通常情况下,安装好 ZWCAD 2008(AutoCAD 的一个版本)后就可以在其默认状态下绘制图形了。但为了规范绘图,提高绘图效率,应熟悉命令与系统变量以及绘图方法,掌握绘图环境的设置和坐标系统的使用方法等。

2.1 设置绘图环境

在使用 ZWCAD 绘图前,经常需要对绘图环境的某些参数进行设置,以方便使用和检查,例如绘图单位、绘图界限和工具栏等进行必要的设置,如下:
设置参数选项;
设置图形单位;
设置图形界限;
自定义工具栏。

2.1.1 设置参数选项

选择"工具"→"选项"命令(OPTIONS),将打开"选项"对话框。在该对话框中包含"文件""显示""打开和保存""打印和发布""系统""用户系统配置""草图""三维建模""选择"和"配置"10 个选项卡,如图 2-1 所示。

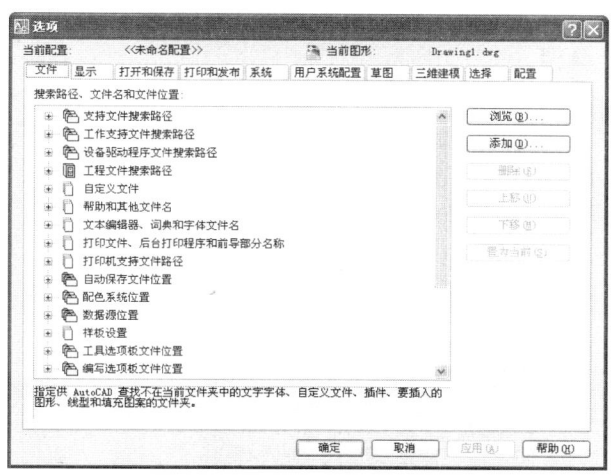

图 2-1 选项对话框

2.1.2 设置图形单位

在中文版 ZWCAD 2008 中，可以选择"格式"→"单位"命令，在打开的"图形单位"对话框中设置绘图时使用的长度单位、角度单位以及单位的显示格式和精度等参数，如图 2-2 所示。

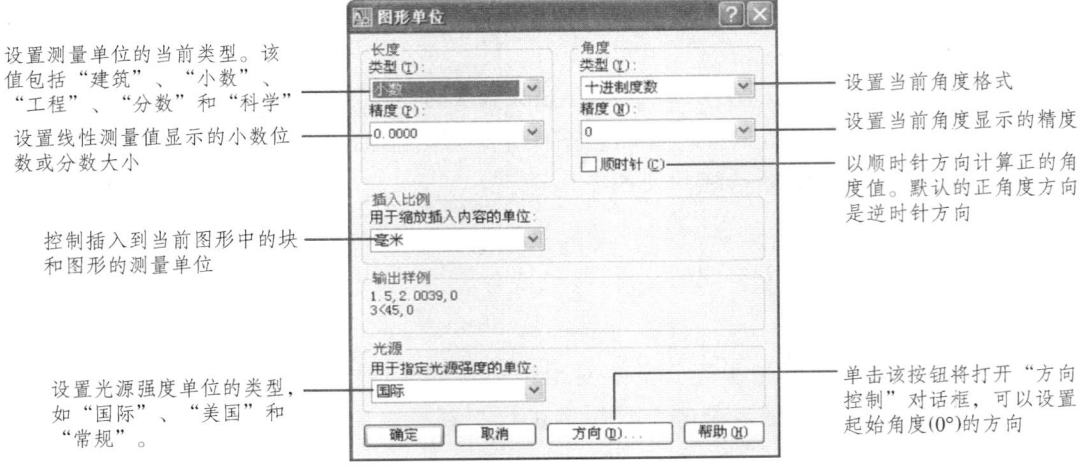

图 2-2 图形单位对话框

2.1.3 设置图形界限

图形界限就是绘图区域，也称为图限。在中文版 ZWCAD 2008 中，可以选择"格式"→"图形界限"命令（LIMITS）来设置图形界限。

在世界坐标系下，图形界限由一对二维点确定，即左下角点和右上角点。在发出 LIMITS 命令时，命令提示行将显示如下提示信息：

指定左下角点或 [开（ON）/关（OFF）] <0.0000,0.0000>：

2.1.4 自定义工具栏

ZWCAD 是一个比较复杂的应用程序，它的工具栏设计的内容很多，通常每个工具栏都由多个图标按钮组成。为了能够最大限度地使用户在短时间内熟练使用，ZWCAD 提供了一套自定义工具栏命令，从而加快工作流程，还能使屏幕变得更加整洁，消除了不必要的干扰。

2.2 使用命令与系统变量

在 ZWCAD 中，菜单命令、工具按钮、命令和系统变量大都是相互对应的。可以选择某一菜单命令，或单击某个工具按钮，或在命令行中输入命令和系统变量来执行相应命令。可以说，命令是 ZWCAD 绘制与编辑图形的核心，相关命令如下：

使用鼠标操作执行命令；

使用键盘输入命令；

使用"命令行"；

使用"ZWCAD 文本窗口"；

使用透明命令；

使用系统变量；

命令的重复、撤销与重做。

2.2.1 使用鼠标操作执行命令

在绘图窗口，光标通常显示为"十"字线形式。当光标移至菜单选项、工具或对话框内时，它会变成一个箭头。无论光标是"十"字线形式还是箭头形式，当单击或者按动鼠标键时，都会执行相应的命令或动作。

2.2.2 使用键盘输入命令

在 ZWCAD 2008 中，大部分的绘图、编辑功能都需要通过键盘输入来完成。通过键盘可以输入命令、系统变量等信息。此外，键盘还是输入文本对象、数值参数、点的坐标或进行参数选择的唯一方法。

2.2.3 使用"命令行"

在 ZWCAD 2008 中，默认情况下"命令行"是一个可固定的窗口，可以在当前命令行提示下输入命令、对象参数等内容。对于大多数命令，"命令行"中可以显示执行完的两条命令提示（也叫命令历史），而对于一些输出命令，例如 TIME、LIST 命令，需要在放大的"命令行"或"ZWCAD 文本窗口"中显示。

2.2.4 使用"ZWCAD 文本窗口"

默认情况下，"ZWCAD 文本窗口"处于关闭状态，可以选择"视图"→"显示"→"文本窗口"命令打开，也可以按下 F2 键来显示或隐藏。在"ZWCAD 文本窗口"中，使用"编辑"菜单中的命令，也可以选择最近使用过的命令、复制选定的文字等操作，如图 2-3 所示。

2.2.5 使用透明命令

在 ZWCAD 中，透明命令是指在执行其他命令的过程中可以执行的命令。常使用的透明命令多为修改图形设置的命令、绘图辅助工具命令，例如 SNAP、GRID、ZOOM 等命令。

要以透明方式使用命令，应在输入命令之前输入单引号（'）。命令行中，透明命令的提示前有一个双折号（>>）。完成透明命令后，将继续执行原命令。

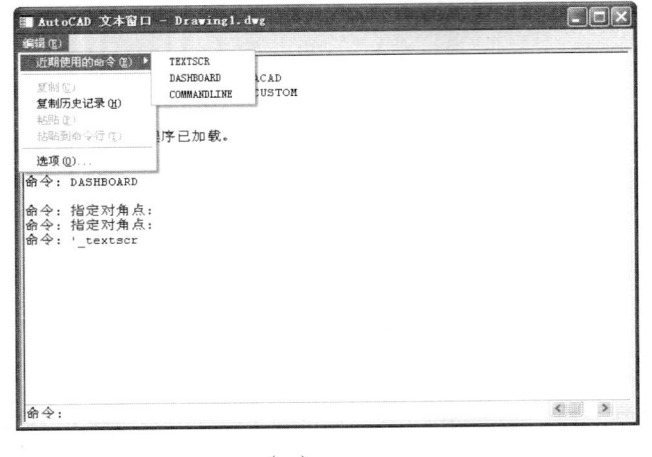

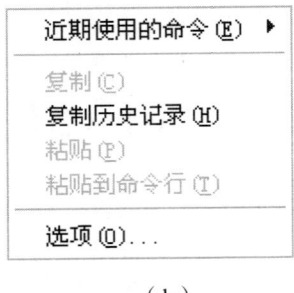

(a)   (b)

图 2-3   ZWCAD 文本窗口

2.2.6 使用系统变量

在 ZWCAD 中，系统变量用于控制某些功能和设计环境、命令的工作方式，它可以打开或关闭捕捉、栅格或正交等绘图模式，设置默认的填充图案，或存储当前图形和 ZWCAD 配置的有关信息。

2.2.7 命令的重复、撤销与重做

在 ZWCAD 中，可以方便地重复执行同一条命令，或撤销前面执行的一条或多条命令。此外，撤销前面执行的命令后，还可以通过重做来恢复前面执行的命令，如下所示：
重复命令；
终止命令；
撤销前面所进行的操作。

2.3 绘图方法

为了满足不同用户的需要，使操作更加灵活方便，ZWCAD 2008 提供了多种方法来实现相同的功能。例如，可以用"绘图"菜单、"绘图"工具栏、"屏幕菜单"、绘图命令和"面板"选项板 5 种方法来绘制基本图形对象。如果要绘制较为复杂的图形，还可以使用"修改"菜单和"修改"工具栏来完成。如下所示：
使用"绘图"菜单和"绘图"工具栏；
使用"屏幕菜单"；

使用绘图命令；

使用"修改"菜单和"修改"工具栏；

使用"面板"选项板。

2.3.1 使用"绘图"菜单和"绘图"工具栏

"绘图"菜单是绘制图形最基本、最常用的方法，其中包含了 ZWCAD 2008 的大部分绘图命令，如图 2-4 所示。而"绘图"工具栏中的每个工具按钮都与"绘图"菜单中绘图命令对应，单击即可执行相应的绘图命令，如图 2-5 所示。

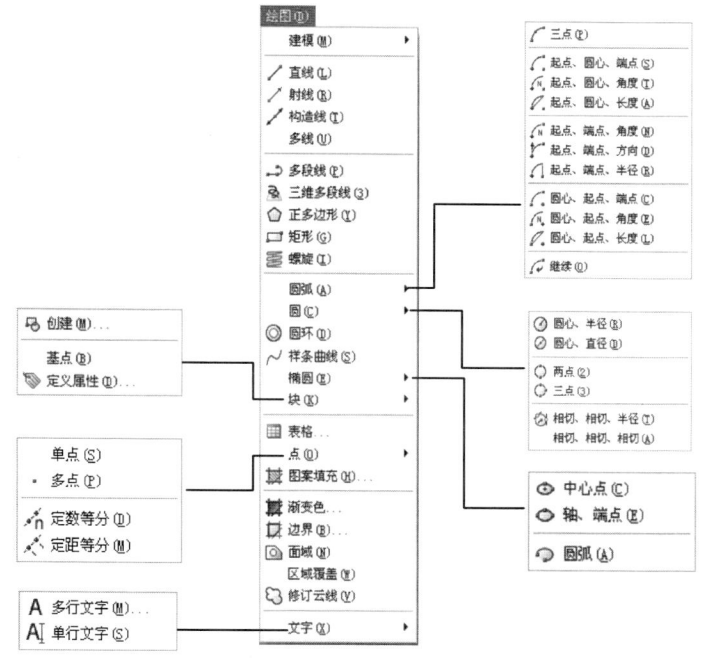

图 2-4 绘图菜单

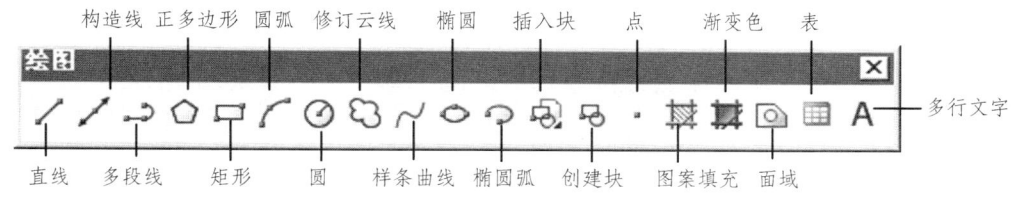

图 2-5 绘图工具栏

2.3.2 使用"屏幕菜单"

"屏幕菜单"是 ZWCAD 2008 的另一种菜单形式，如图 2-6 所示。选择其中的"绘制 1"和"绘制 2"子菜单，可以使用绘图相关工具。

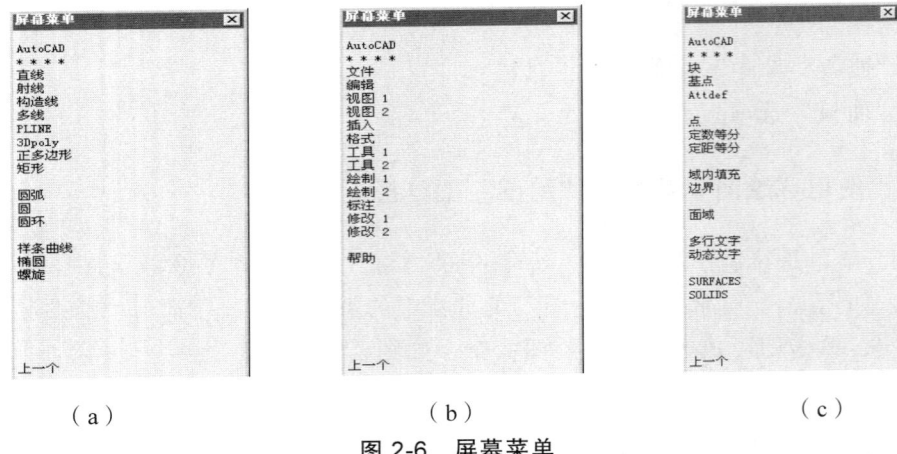

（a） （b） （c）

图 2-6 屏幕菜单

2.3.3 使用绘图命令

使用绘图命令也可以绘制图形，在命令提示行中输入绘图命令，按下 Enter 键，并根据命令行的提示信息进行绘图操作。这种方法操作快捷，准确性高，但要求掌握绘图命令及其选择项的具体功能。

2.3.4 使用"修改"菜单和"修改"工具栏

"修改"菜单用于编辑图形，创建复杂的图形对象，如图 2-7 所示。"修改"命令子菜单中包含了 ZWCAD 2008 的大部分编辑命令，通过选择该菜单中的命令或子命令，可以完成对图形的所有编辑操作。而"修改"工具栏的每个工具按钮都与"修改"菜单中相应的绘图命令相对应，单击这些按钮即可执行相应的修改操作，如图 2-8 所示。

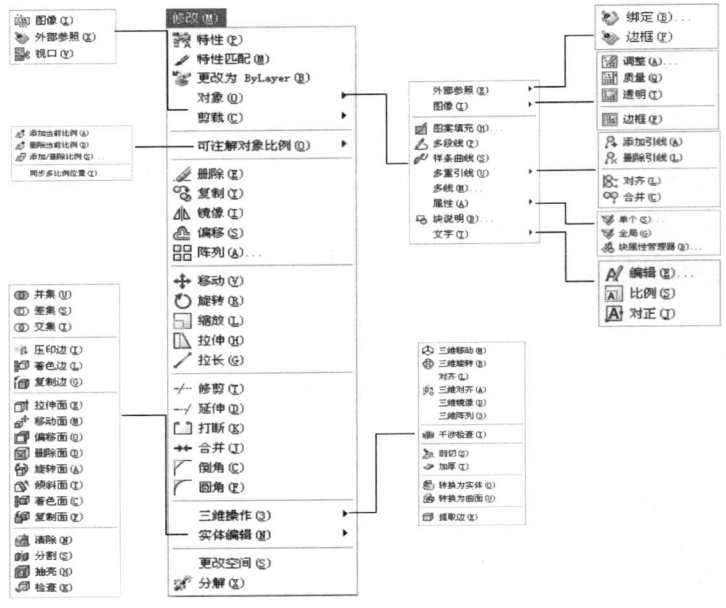

图 2-7 修改菜单

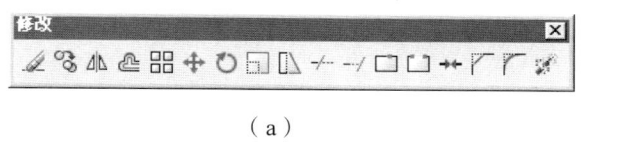 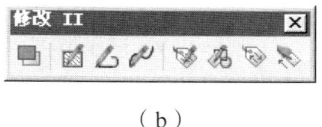

（a） （b）

图 2-8 修改工具栏

2.3.5 使用"面板"选项板

"面板"选项板集成了"图层""二维绘图""注释缩放""标注""文字"和"多重引线"等多种控制台，单击这些控制台中的按钮即可执行相应的绘制或编辑操作，如图 2-9 所示。

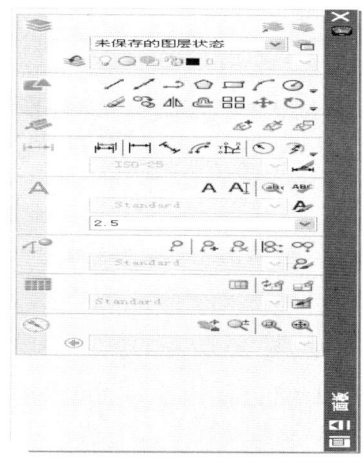

图 2-9 面板选项板

2.4 使用坐标系

在绘图过程中常常需要使用某个坐标系作为参照，确定拾取点的位置，来精确定位某个对象。ZWCAD 提供的坐标系可以用来准确地设计并绘制图形。坐标系知识如下：

认识世界坐标系与用户坐标系；

坐标的表示方法；

控制坐标的显示；

创建坐标系；

使用正交用户坐标系；

命名用户坐标系；

设置 UCS 的其他选项。

2.4.1 认识世界坐标系与用户坐标系

坐标（x，y）是表示点的最基本的方法。在 ZWCAD 2008 中，坐标系分为世界坐标系（WCS）和用户坐标系（UCS），如图 2-10 所示。这两种坐标系下都可以通过坐标（x, y）来精确定位点。

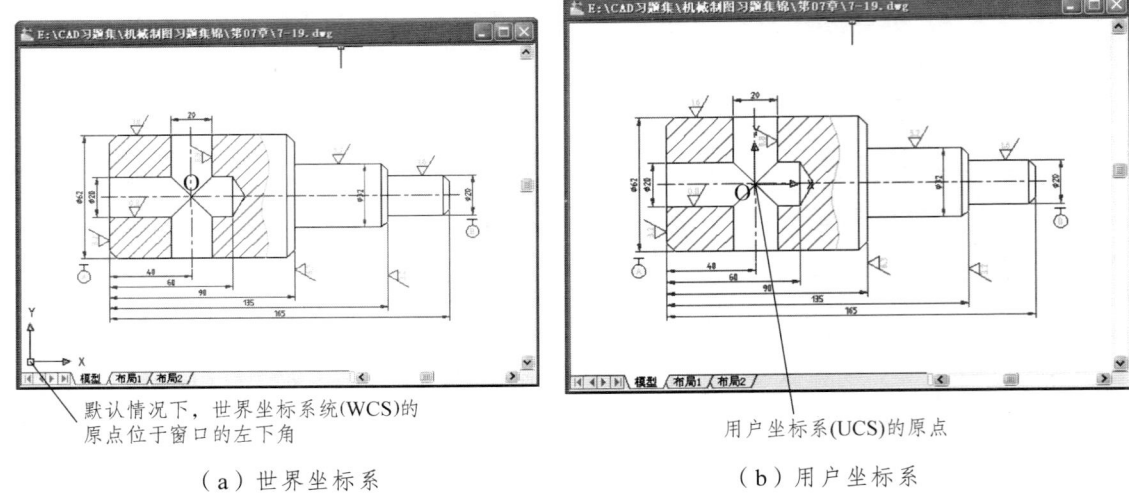

（a）世界坐标系　　　　　　　　　（b）用户坐标系

图 2-10　两种坐标系

2.4.2　坐标的表示方法

在 ZWCAD 2008 中，点的坐标可以使用绝对直角坐标、绝对极坐标、相对直角坐标和相对极坐标 4 种方法表示。

2.4.3　控制坐标的显示

在绘图窗口中移动光标的十字指针时，状态栏上将动态地显示当前指针的坐标。在 ZWCAD 2008 中，坐标显示取决于所选择的模式和程序中运行的命令，共有 3 种方式，如下所示：

模式 0，"关"；

模式 1，"绝对"；

模式 2，"相对"。

2.4.4　创建坐标系

在 ZWCAD 中，选择"工具"→"新建 UCS"命令，利用它的子命令可以方便地创建 UCS，包括世界和对象等。

2.4.5　使用正交用户坐标系

选择"工具"→"命名 UCS"命令，打开 UCS 对话框，如图 2-11 所示。在其中的"正交 UCS"选项卡中可以从"当前 UCS"列表中选择需要使用的正交坐标系，如俯视、仰视、左视、右视、主视和后视等。

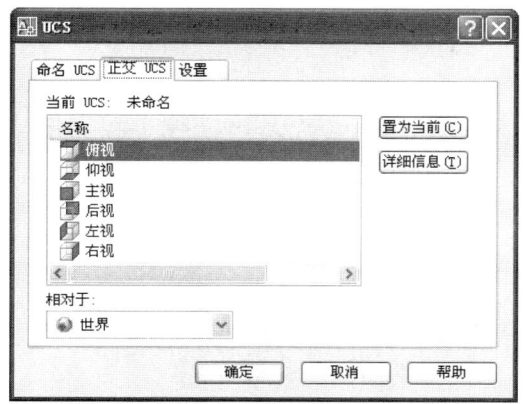

图 2-11 USC 对话框

2.4.6 命名用户坐标系

选择"工具"→"命名 UCS"命令，打开 UCS 对话框。单击"命名 UCS"标签打开其选项卡，并在"当前 UCS"列表中选中"世界"、"上一个"或"某个"UCS，然后单击"置为当前"按钮，可将其置为当前坐标系，这时在该 UCS 前面将显示"？"标记。也可以单击"详细信息"按钮，在"UCS 详细信息"对话框中查看坐标系的详细信息。如图 2-12 所示：

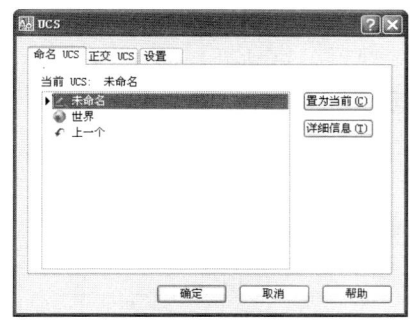　　　　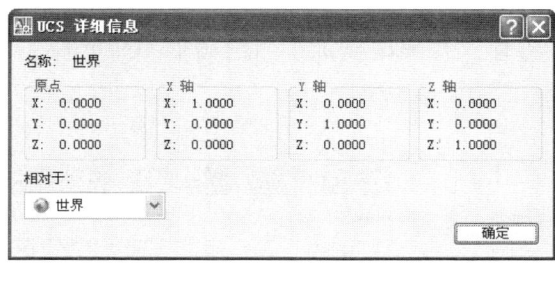

（a）　　　　　　　　　　　　　　　（b）

图 2-12 命名用户坐标系

2.4.7 设置 UCS 的其他选项

在 ZWCAD 2008 中，可以通过选择"视图"→"显示"→"UCS 图标"子菜单中的命令，控制坐标系图标的可见性及显示方式，命令如下：

"开"命令；

"原点"命令；

"特性"命令。

情景三　规划和管理图层

在 AutoCAD 2008 中，所有图形对象都具有图层、颜色、线型和线宽 4 个基本属性。可以使用不同的图层、颜色、线型和线宽绘制不同的对象元素，可以方便地控制对象的显示和编辑，提高绘制复杂图形的效率和准确性。

3.1 规划图层

在 AutoCAD 中，图形中通常包含多个图层，它们就像一张张透明的图纸重叠在一起。在机械、建筑等工程制图中，图形中主要包括基准线、轮廓线、虚线、剖面线、尺寸标注以及文字说明等元素。如果用图层来管理，不仅能使图形的各种信息清晰有序，便于观察，而且也会给图形的编辑、修改和输出带来方便。

3.1.1　"图层特性管理器"对话框的组成

选择"格式"→"图层"命令，打开"图层特性管理器"对话框，如图 3-1 所示。在"过滤器树"列表中显示了当前图形中所有使用的图层、组过滤器。在图层列表中，显示了图层的详细信息。

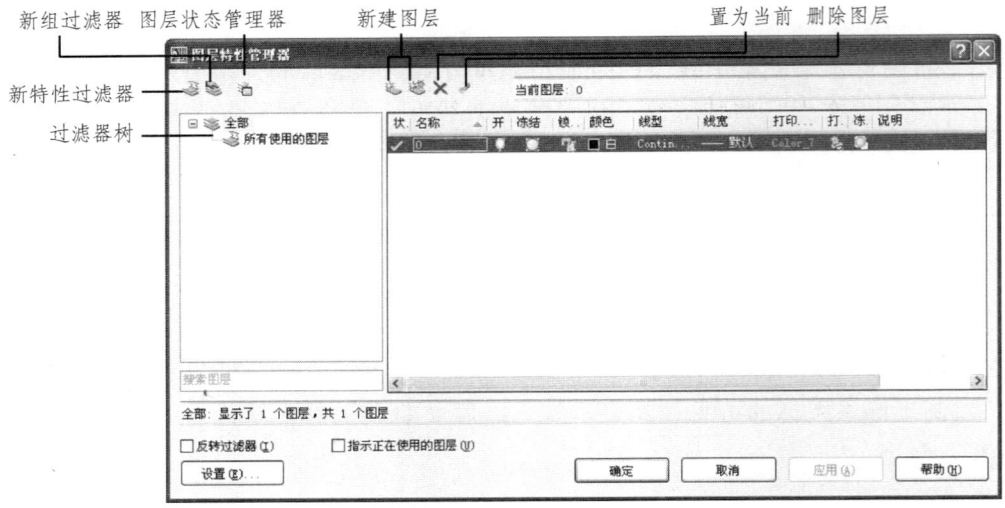

图 3-1　图层特性管理器对话框

3.1.2 创建新图层

在"图层特性管理器"对话框中单击"新建图层"按钮,可以创建一个名称为"图层 1"的新图层,且该图层与当前图层的状态、颜色、线性、线宽等设置相同。如果单击"新建图层"按钮,也可以创建一个新图层,且该图层在所有的视口中都被冻结。

3.1.3 设置图层颜色

新建图层后,要改变图层的颜色,可在"图层特性管理器"对话框中单击图层的"颜色"列对应的图标,打开"选择颜色"对话框,如图 3-2 所示。

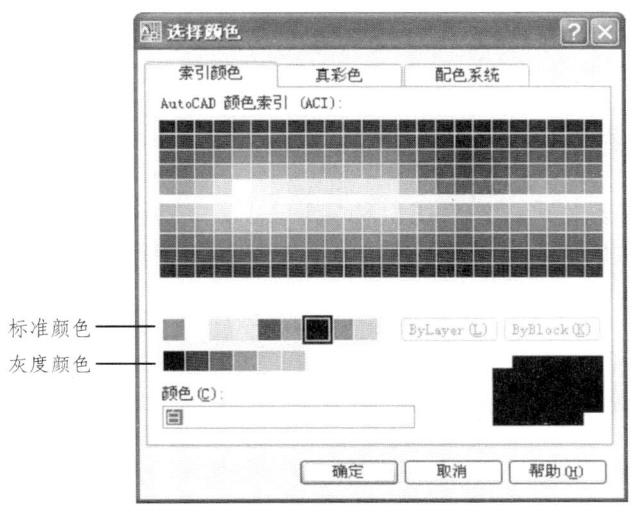

图 3-2　选择颜色对话框

3.1.4 使用与管理线型

线型是指图形基本元素中线条的组成和显示方式,如虚线和实线等。在 AutoCAD 中既有简单线型,也有由一些特殊符号组成的复杂线型,以满足不同国家或行业标准的使用要求,如图 3-3 所示。

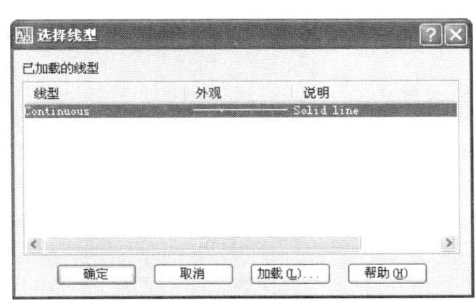

（a）设置图层线型

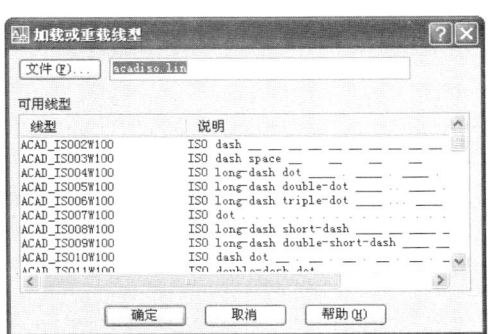

（b）加载线型

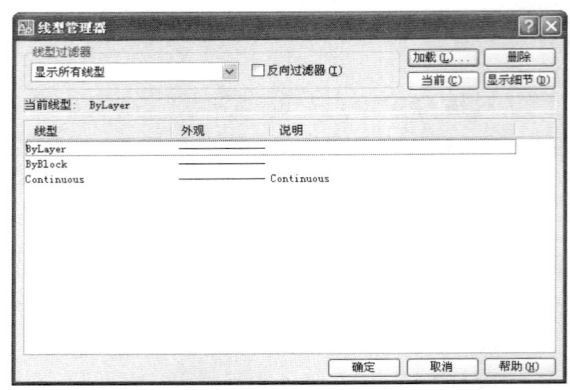

(c)设置线型比例

图 3-3　线型相关对话框

3.1.5　设置图层线宽

要设置图层的线宽，可以在"图层特性管理器"对话框的"线宽"列中单击该图层对应的线宽"——默认"，打开"线宽"对话框，其中有 20 多种线宽可供选择。也可以选择"格式"→"线宽"命令，打开"线宽设置"对话框，通过调整线宽比例，使图形中的线宽显示得更宽或更窄。如图 3-4 所示。

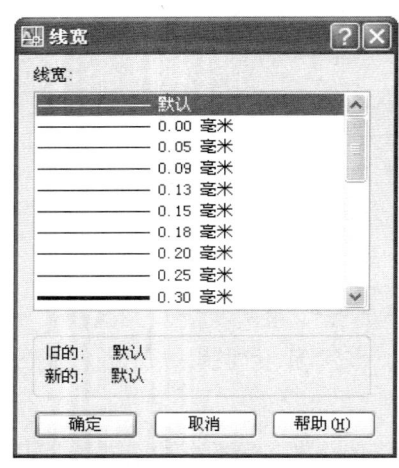
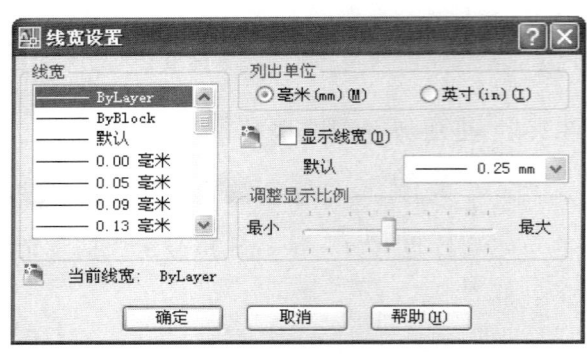

(a)　　　　　　　　　　　　(b)

图 3-4　设置图层线宽

3.2　管理图层

建立完图层后，需要对其进行管理，包括图层的切换、重命名、删除及图层的显示控制等。相关知识如下：

设置图层特性；
置为当前层；
使用"图层过滤器特性"对话框过滤图层；
使用"新组过滤器"过滤图层；
保存与恢复图层状态；
转换图层；
改变对象所在图层；
使用图层工具管理图层。

3.2.1 设置图层特性

使用图层绘制图形时，新对象的各种特性将默认为随层，即由当前图层的默认设置决定。也可以单独设置对象的特性，新设置的特性将覆盖原来随层的特性。在"图层特性管理器"对话框中，每个图层都包含状态、名称、打开/关闭、冻结/解冻、锁定/解锁、线型、颜色、线宽和打印样式等特性。

3.2.2 置为当前层

在"图层特性管理器"对话框的图层列表中，选择某一图层后，单击"当前图层"按钮，即可将该层设置为当前层。

3.2.3 使用"图层过滤器特性"对话框过滤图层

图层过滤功能简化了图层方面的操作。图形中包含大量图层时，在"图层特性管理器"对话框中单击"新特性过滤器"按钮，可以使用打开的"图层过滤器特性"对话框来命名图层过滤器，如图 3-5 所示。

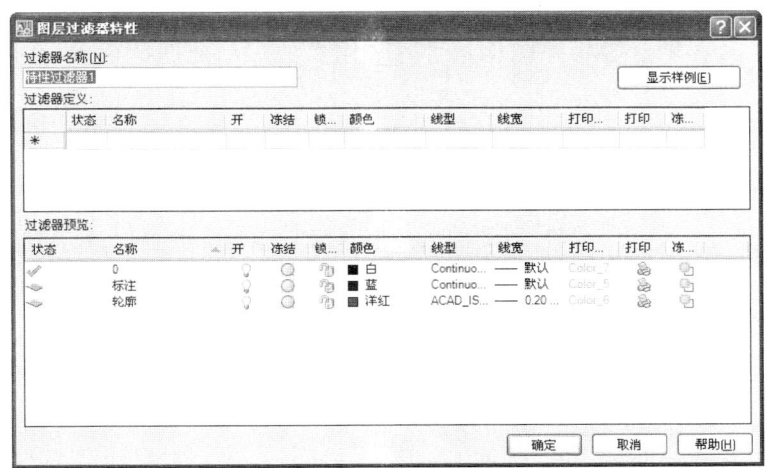

图 3-5　图层过滤器特性对话框

3.2.4 使用"新组过滤器"过滤图层

在 AutoCAD 2008 中，还可以通过"新组过滤器"过滤图层。可在"图层特性管理器"对话框中单击"新组过滤器"按钮，并在对话框左侧过滤器树列表中添加一个"组过滤器 1"（也可以根据需要命名组过滤器）。在过滤器树中单击"所有使用的图层"节点或其他过滤器，显示对应的图层信息，然后将需要分组过滤的图层拖动到创建的"组过滤器 1"上即可，如图 3-6 所示。

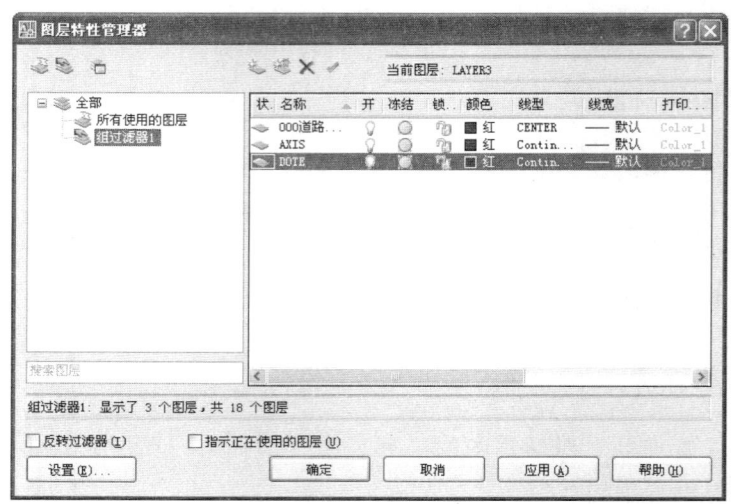

图 3-6　过滤图层

3.2.5 保存与恢复图层状态

图层设置包括图层状态和图层特性。图层状态包括图层是否打开、冻结、锁定、打印和在新视口中自动冻结。图层特性包括颜色、线型、线宽和打印样式。可以选择要保存的图层状态和图层特性。例如，可以选择只保存图形中图层的"冻结/解冻"设置，忽略所有其他设置。恢复图层状态时，除了每个图层的冻结或解冻设置以外，其他设置仍保持当前设置。

3.2.6 转换图层

选择"工具"→"CAD 标准"→"图层转换器"命令，打开"图层转换器"对话框，如图 3-7 所示。

3.2.7 改变对象所在图层

在实际绘图中，如果绘制完某一图形元素后，发现该元素并没有绘制在预先设置的图层上，可选中该图形元素，并在"面板"选项板的"图层"选项区域的"应用的过滤器"下拉列表框中选择预设图层名，即可改变对象所在图层。

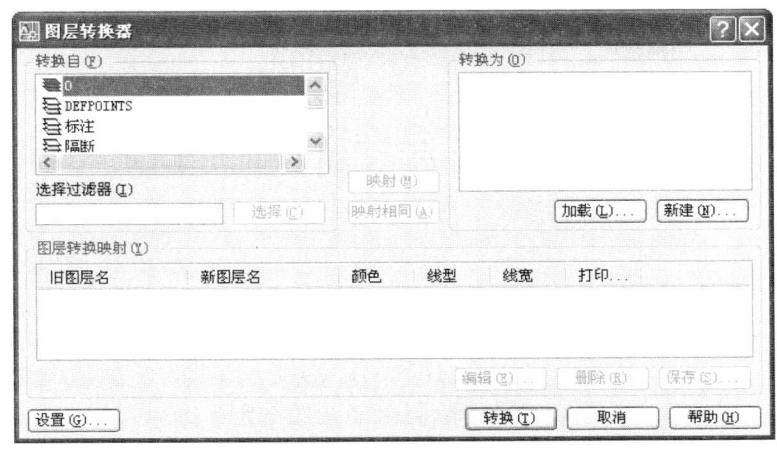

图 3-7　图层转换器

3.2.7　改变对象所在图层

在实际绘图中，如果绘制完某一图形元素后，发现该元素并没有绘制在预先设置的图层上，可选中该图形元素，并在"面板"选项板的"图层"选项区域的"应用的过滤器"下拉列表框中选择预设图层名，即可改变对象所在图层。

3.2.8　使用图层工具管理图层

在 AutoCAD 2008 中使用图层管理工具可以更加方便地管理图层。选择"格式"→"图层工具"命令中的子命令，就可以通过图层工具来管理图层。如图 3-8 所示。

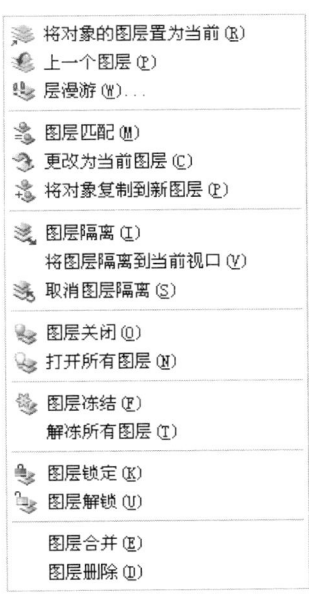

图 3-8　图层管理工具

情景四　绘制二维平面图形

绘图是 AutoCAD 的主要功能，也是最基本的功能，而二维平面图形的形状都很简单，创建起来也很容易，它们是整个 AutoCAD 的绘图基础。因此，只有熟练地掌握二维平面图形的绘制方法和技巧，才能够更好地绘制出复杂的图形。

4.1 绘制点对象

在 AutoCAD 2008 中，点对象可用作捕捉和偏移对象的节点或参考点。可以通过"单点""多点""定数等分"和"定距等分"4 种方法创建点对象，如图 4-1 所示：

绘制单点和多点；

定数等分对象；

定距等分对象。

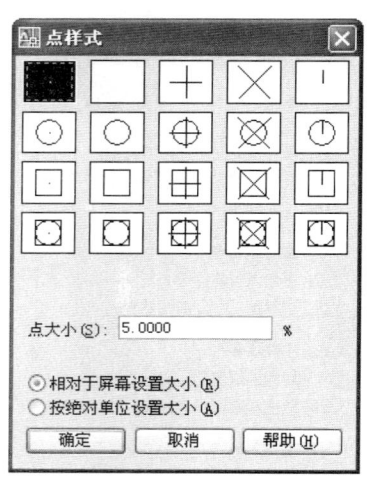

图 4-1　点样式对话框

4.1.1　绘制单点和多点

在 AutoCAD 2008 中，选择"绘图"→"点"→"单点"命令（POINT），可以在绘图窗口中一次指定一个点；选择"绘图"→"点"→"多点"命令，可以在绘图窗口中一次指定多个点，直到按 Esc 键结束。

4.1.2 定数等分对象

在 AutoCAD 2008 中，选择"绘图"→"点"→"定数等分"命令（DIVIDE），可以在指定的对象上绘制等分点或者在等分点处插入块。

4.1.3 定距等分对象

在 AutoCAD 2008 中，选择"绘图"→"点"→"定距等分"命令（MEASURE），可以在指定的对象上按指定的长度绘制点或者插入块。

4.2 绘制直线、射线和构造线

图形由对象组成，可以使用定点设备指定点的位置或者在命令行输入坐标值来绘制对象。在 AutoCAD 中，直线、射线和构造线是最简单的一组线性对象。如下所示：
绘制直线；
绘制射线
绘制构造线。

4.2.1 绘制直线

选择"绘图"→"直线"命令（LINE），或在"面板"选项板的"二维绘图"选项区域中单击"直线"按钮，就可以绘制直线。

4.2.2 绘制射线

射线为一端固定，另一端无限延伸的直线。选择"绘图"→"射线"命令（RAY），指定射线的起点和通过点即可绘制一条射线。在 AutoCAD 中，射线主要用于绘制辅助线。

指定射线的起点后，可在"指定通过点："提示下指定多个通过点，绘制以起点为端点的多条射线，直到按 Esc 键或 Enter 键退出为止。

4.2.3 绘制构造线

构造线为两端可以无限延伸的直线，没有起点和终点，可以放置在三维空间的任何地方，主要用于绘制辅助线。选择"绘图"→"构造线"命令（XLINE），或在"面板"选项板的"二维绘图"选项区域中单击"构造线"按钮，都可绘制构造线。

4.3 绘制矩形和正多边形

在 AutoCAD 中，矩形及多边形的各边并非单一对象，它们构成一个单独的对象。使用 RECTANGE 命令可以绘制矩形，使用 POLYGON 命令可以绘制多边形。

4.3.1 绘制矩形

选择"绘图"→"矩形"命令（RECTANGLE），或在"面板"选项板的"二维绘图"选项区域中单击"矩形"按钮，即可绘制出倒角矩形、圆角矩形、有厚度的矩形等多种矩形，如图 4-2 所示。

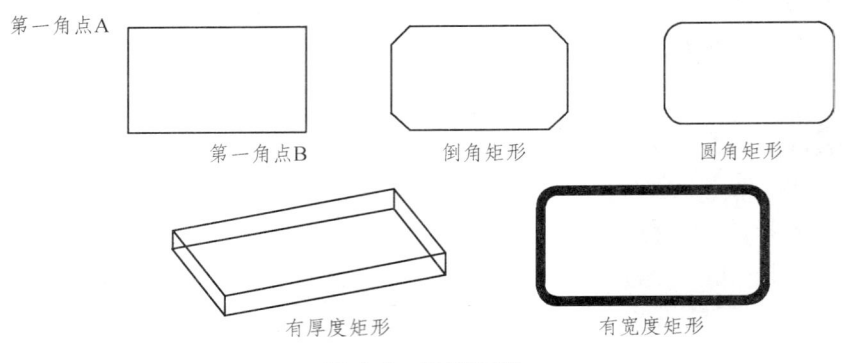

图 4-2 绘制矩形

4.3.2 绘制正多边形

选择"绘图"→"正多边形"命令（POLYGON），或在"面板"选项板的"二维绘图"选项区域中单击"正多边形"按钮，可以绘制边数为 3～1024 的正多边形。指定了正多边形的边数后，其命令行显示如下提示信息。

指定正多边形的中心点或[边（E）]:

4.4 绘制圆、圆弧、椭圆和椭圆弧

在 AutoCAD 2008 中，圆、圆弧、椭圆和椭圆弧都属于曲线对象，其绘制方法相对线性对象要复杂一些，但方法也比较多。知识如下：

绘制圆；

绘制圆弧；

绘制椭圆；

绘制椭圆弧。

4.4.1 绘制圆

选择"绘图"→"圆"命令中的子命令，或在"面板"选项板的"二维绘图"选项区域中单击"圆"按钮即可绘制圆。在 AutoCAD 2008 中，可以使用 6 种方法绘制圆，如图 4-3 所示。

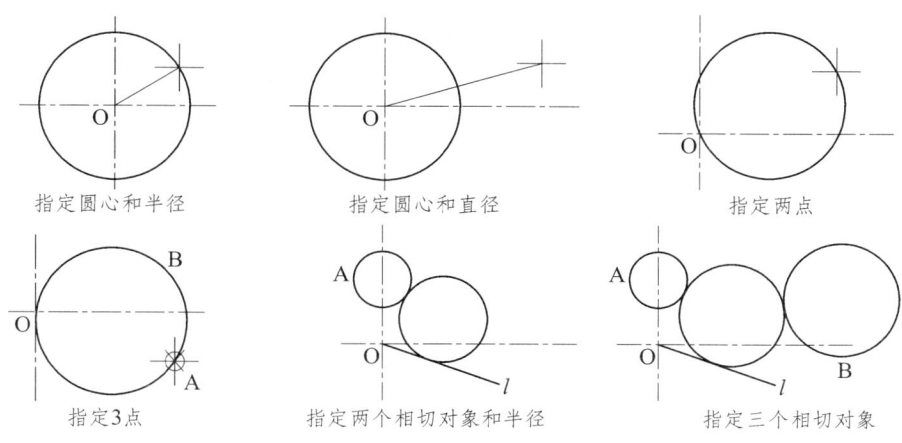

图 4-3 用不同方法绘制圆

4.4.2 绘制圆弧

选择"绘图"→"圆弧"命令中的子命令,或在"面板"选项板的"二维绘图"选项区域中单击"圆弧"按钮,即可绘制圆弧。在 AutoCAD 2008 中,圆弧的绘制方法有 11 种。

4.4.3 绘制椭圆

选择"绘图"→"椭圆"子菜单中的命令,或在"面板"选项板的"二维绘图"选项区域中单击"椭圆"按钮,即可绘制椭圆。可以选择"绘图"→"椭圆"→"中心点"命令,指定椭圆中心、一个轴的端点(主轴)以及另一个轴的半轴长度绘制椭圆;也可以选择"绘图"→"椭圆"→"轴、端点"命令,指定一个轴的两个端点(主轴)和另一个轴的半轴长度绘制椭圆,如图 4-4 所示。

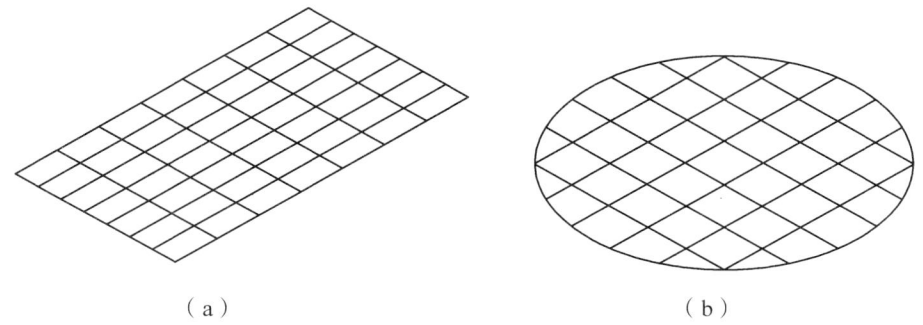

(a) (b)

图 4-4 绘制椭圆

4.4.4 绘制椭圆弧

在 AutoCAD 2008 中,椭圆弧的绘图命令和椭圆的绘图命令都是 ELLIPSE,但命令行的提示不同。选择"绘图"→"椭圆"→"圆弧"命令,或在"面板"选项板的"二维绘图"选项区域中单击"椭圆弧"按钮,都可绘制椭圆弧,此时命令行的提示信息如下。

指定椭圆的轴端点或[圆弧(A)/中心点(C)]:_a

指定椭圆弧的轴端点或[中心点(C)]:

4.5 绘制与编辑多线

多线是一种由多条平行线组成的组合对象。平行线之间的间距和数目是可以调整的,多线常用于绘制建筑图中的墙体、电子线路图等平行线对象。如下所示:

绘制多线;

使用"多线样式"对话框;

创建多线样式;

修改多线样式;

编辑多线。

4.5.1 绘制多线

选择"绘图"→"多线"命令,或在命令行输入 MLINE 命令,可以绘制多线。执行 MLINE 后,命令行显示如下提示信息:

当前的设置:对正=上,比例=20.00,样式=STANDARD

指定起点或[对正(J)/比例(S)/样式(ST)]:

4.5.2 使用"多线样式"对话框

选择"格式"→"多线样式"命令(MLSTYLE),打开"多线样式"对话框,如图 4-5 所示。可以根据需要创建多线样式,设置其线条数目和线的拐角方式。

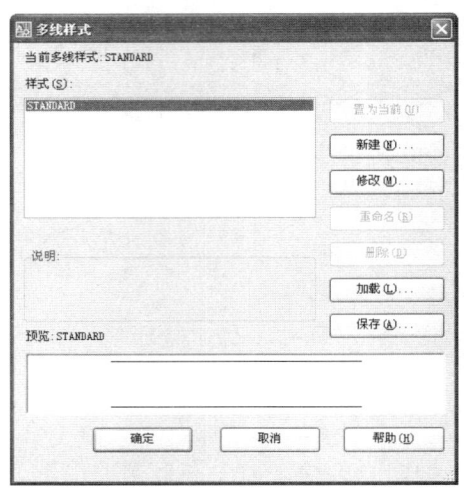

图 4-5 多线样式对话框

4.5.3 创建多线样式

在"创建新的多线样式"对话框中，单击"继续"按钮，将打开"新建多线样式"对话框，可以创建新多线样式的封口、填充、元素特性等内容，如图 4-6 所示。

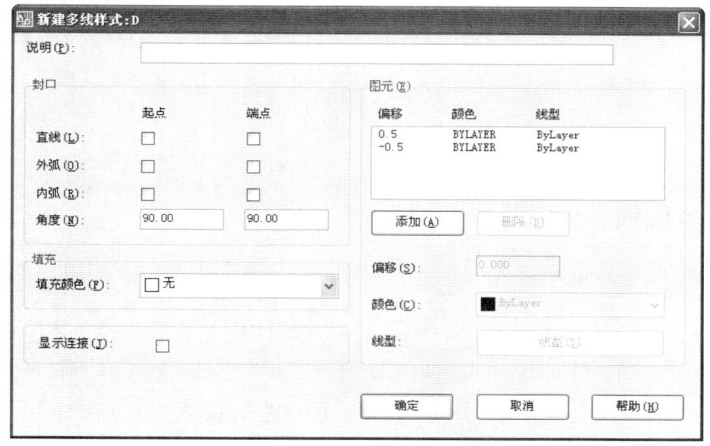

图 4-6　新建多线样式对话框

4.5.4 修改多线样式

在"多线样式"对话框中单击"修改"按钮，使用打开的"修改多线样式"对话框可以修改创建的多线样式。"修改多线样式"对话框与"创建新多线样式"对话框中的内容完全相同，用户可参照创建多线样式的方法对多线样式进行修改。

4.5.5 多线编辑

多线编辑命令是一个专用于多线对象的编辑命令，选择"修改"→"对象"→"多线"命令，可打开"多线编辑工具"对话框，如图 4-7 所示。该对话框中的各个图像按钮形象地说明了编辑多线的方法。

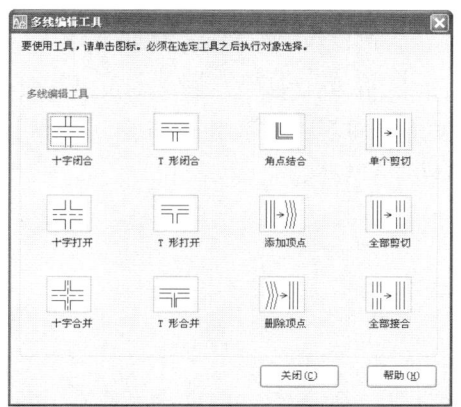

图 4-7　多线编辑工具对话框

4.6　绘制与编辑多段线

在 AutoCAD 中，"多段线"是一种非常有用的线段对象，它是由多段直线段或圆弧段组成的一个组合体，既可以一起编辑，也可以分别编辑，还可以具有不同的宽度。知识点如下：

绘制多段线；

编辑多段线。

4.6.1　绘制多段线

选择"绘图"→"多段线"命令{PLINE}或在"面板"选项板的"二维绘图"选项区域中单击"多段线"按钮，可以绘制多段线。执行 PLINE 命令，并在绘图窗口中指定了多段线的起点后，命令行显示如下提示信息：

指定下一个点或[圆弧（A）/闭合（C）/半宽（H）/长度（L）/放弃（U）/宽度（W）]：

4.6.2　编辑多段线

在 AutoCAD 2008 中，可以一次编辑一条或多条多段线。选择"修改"→"对象"→"多段线"命令（PEDIT），调用编辑二维多段线命令。如果只选择一条多段线，命令行显示如下提示信息：

输入选项[闭合（C）/合并（J）/宽度（W）/编辑顶点（E）/拟合（F）/样条曲线（S）/非曲线化（D）/线型生成（L）/放弃（U）]：

如果选择多条多段线，命令行则显示如下提示信息：

输入选项[闭合（C）/打开（O）/合并（J）/宽度（W）/拟合（F）/样条曲线（S）/非曲线化（D）/线型生成（L）/放弃（U）]：

4.7　绘制与编辑样条曲线

样条曲线是一种通过或接近指定点的拟合曲线。在 AutoCAD 中，其类型是非均匀关系基本样曲线（Non-Uniform Rational Basis Splines，NURBS），适于表达具有不规则变化曲率半径的曲线。知识点如下：

绘制样条曲线；

编辑样条曲线。

4.7.1　绘制样条曲线

选择"绘图"→"样条曲线"命令（SPLINE），或在"面板"选项板的"二维绘图"选项区域中单击"样条曲线"按钮，即可绘制样条曲线。此时，命令行将显示"指定第一个点或[对象（O）]:"提示信息。当选择"对象（O）"时，可以将多段线编辑得到的二次或者三次拟合样条曲线转换成等价的样条曲线。默认情况下，可以指定样条曲线的起点，然后在指定样条曲线上的另一个点后，系统将显示如下提示信息：

指定下一点或[闭合（C）/拟合公差（F）]<起点切向>：

4.7.2 编辑样条曲线

选择"修改"→"对象"→"样条曲线"命令（SPLINEDIT），就可以编辑选中的样条曲线。

样条曲线编辑命令是一个单对象编辑命令，一次只能编辑一条样条曲线对象。执行该命令并选择需要编辑的样条曲线后，在曲线周围将显示控制点，同时命令行显示如下提示信息：

输入选项 [拟合数据（F）/闭合（C）/移动顶点（M）/精度（R）/反转（E）/放弃（U）]：

4.8 徒手绘制图形

在 AutoCAD 2008 中，可以使用"绘图"→"修订云线"命令绘制云彩对象，并可使用"绘图"→"区域覆盖"命令绘制区域覆盖对象，它们的共同点在于可以通过拖动鼠标指针来徒手绘制。知识点如下：

制修订云线；

绘制区域覆盖对象。

4.8.1 绘制修订云线

（1）要绘制修订云线，首先要点击左侧工具栏中的修订云线工具按钮，如图 4-8 所示。

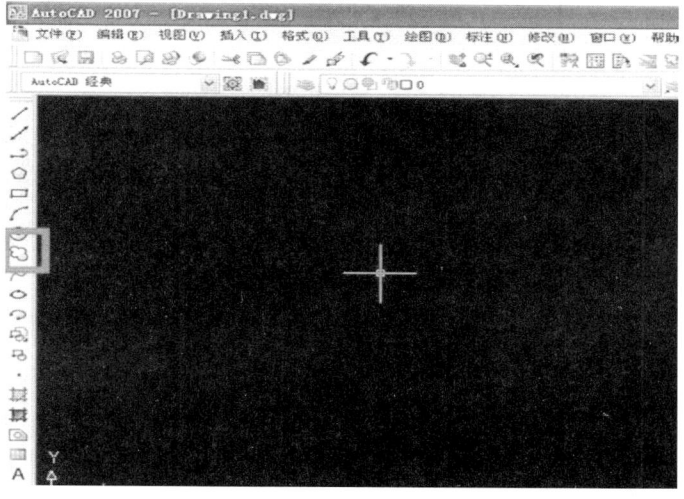

图 4-8 点击修订云线工具按钮

（2）鼠标在界面点击一下指定起点，然后输入"a"再回车。

（3）回车之后指定最小弧长，这里指定最小弧长为 15，然后点击回车，如图 4-9 所示。

图 4-9 指定最小弧长

（4）回车之后指定最大弧长，最大弧长不超过最小弧长的 3 倍，这里输入 15，如图 4-9 所示。

（5）这时沿着拖动鼠标拖出云线。

（6）当两个端点之间距离小于最大弧长时候修订云线自动闭合，如图 4-10 所示。

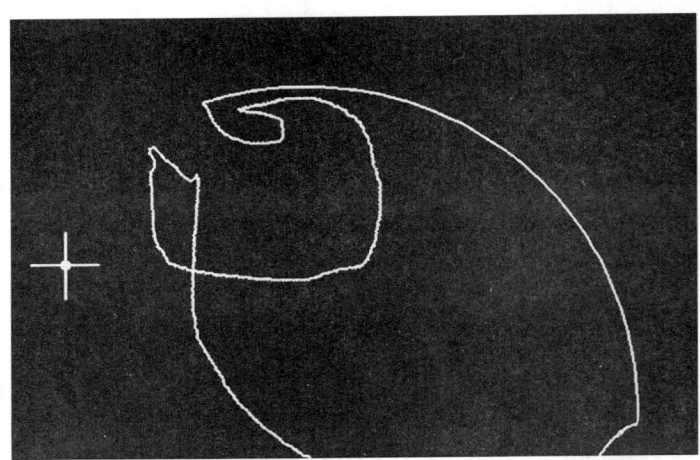

图 4-10 最终结果

4.8.2 绘制区域覆盖对象

选择"绘图"→"区域覆盖"命令（WIPEOUT），可以创建一个多边形区域，并使用当前的背景色来遮挡它下面的对象。执行该命令时，命令行显示如下提示信息：

指定第一点或[边框（F）/多段线（P）]<多段线>：

情景五　选择与编辑二维图形对象

在 AutoCAD 中，单纯地使用绘图命令或绘图工具只能绘制一些基本的图形对象。为了绘制复杂图形，很多情况下都必须借助于图形编辑命令。AutoCAD 2008 提供了众多的图形编辑命令，如复制、移动、旋转、镜像、偏移、阵列、拉伸及修剪等。使用这些命令，可以修改已有图形或通过已有图形构造新的复杂图形。

5.1　选择对象

在对图形进行编辑操作之前，首先需要选择要编辑的对象。AutoCAD 用虚线亮显所选的对象，这些对象就构成选择集。选择集可以包含单个对象，也可以包含复杂的对象编组。知识点如下：

选择对象的方法；
过滤选择；
快速选择；
使用编组。

5.1.1　选择对象的方法

在命令行输入 SELECT 命令，按 Enter 键，并且在命令行的"选择对象："提示下输入"？"，将显示如下的提示信息。

需要点或窗口（W）/上一个（L）/窗交（C）/框（BOX）/全部（ALL）/栏选（F）/圈围（WP）/圈交（CP）/编组（G）/添加（A）/删除（R）/多个（M）/前一个（P）/放弃（U）/自动（AU）/单个（SI）/子对象/对象

5.1.2　过滤选择

在命令行提示下输入 FILTER 命令，将打开"对象选择过滤器"对话框，如图 5-1 所示。可以以对象的类型（如直线、圆及圆弧等）、图层、颜色、线型或线宽等特性作为条件，过滤选择符合设定条件的对象。

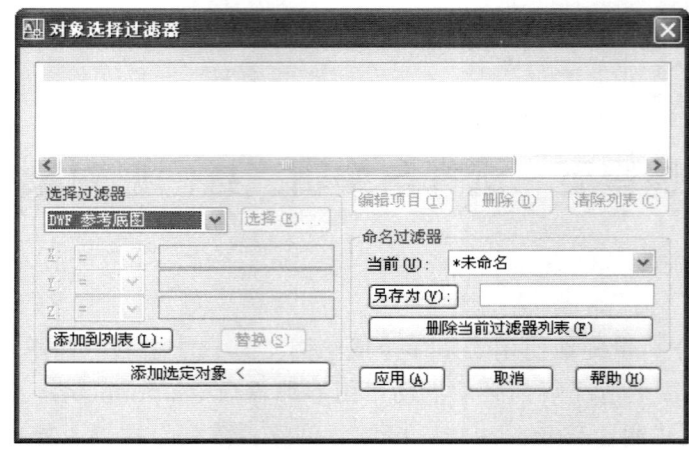

图 5-1　对象选择过滤器

5.1.3　快速选择

在 AutoCAD 中，当需要选择具有某些共同特性的对象时，可利用"快速选择"对话框，根据对象的图层、线型、颜色、图案填充等特性和类型，创建选择集。选择"工具"→"快速选择"命令，可打开"快速选择"对话框，如图 5-2 所示。

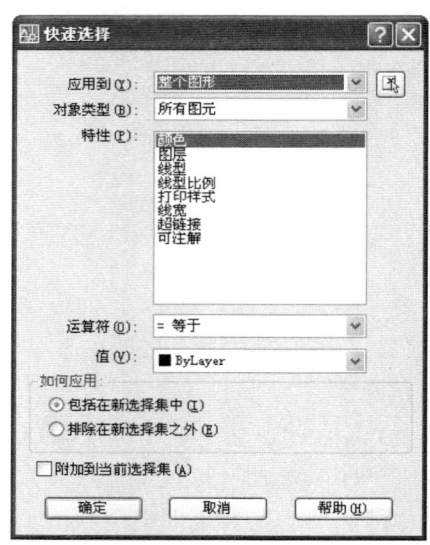

图 5-2　快速选择对话框

5.1.4　使用编组

在 AutoCAD 2008 中，可以将图形对象进行编组以创建一种选择集，使编辑对象变得更为灵活，如图 5-3 所示。

创建对象编组；

修改编组。

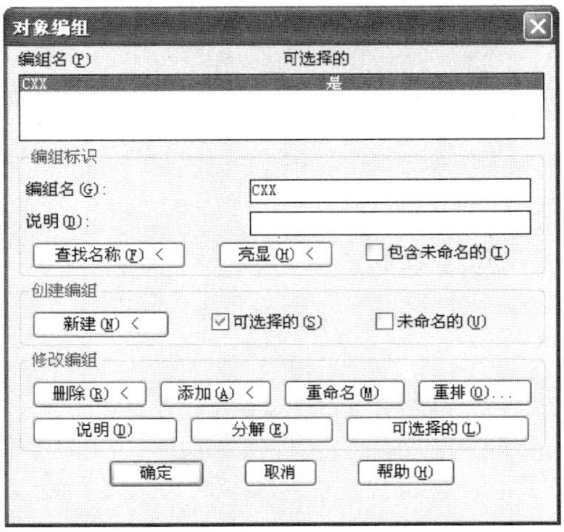

图 5-3　对象编组对话框

5.2 使用夹点编辑对象

在 AutoCAD 2008 中夹点是一种集成的编辑模式,提供了一种方便快捷的编辑操作途径。例如,使用夹点可以对对象进行拉伸、移动、旋转、缩放及镜像等操作。知识点如下:
拉伸对象;
移动对象;
旋转对象;
缩放对象;
镜像对象。

5.2.1 拉伸对象

在不执行任何命令的情况下选择对象,显示其夹点,然后单击其中一个夹点,进入编辑状态。此时,AutoCAD 自动将其作为拉伸的基点,进入"拉伸"编辑模式,命令行将显示如下提示信息:
**拉伸 **
指定拉伸点或[基点(B)/复制(C)/放弃(U)/退出(X)]:

5.2.2 移动对象

移动对象仅仅是位置上的平移,对象的方向和大小并不会改变。要精确地移动对象,可使用捕捉模式、坐标、夹点和对象捕捉模式。在夹点编辑模式下确定基点后,在命令行提示下输入 MO 进入移动模式,命令行将显示如下提示信息:
移动
指定移动点或 [基点(B)/复制(C)/放弃(U)/退出(X)]:

5.2.3 旋转对象

在夹点编辑模式下，确定基点后，在命令行提示下输入 RO 进入旋转模式，命令行将显示如下提示信息：

** 旋转 **

指定旋转角度或 [基点（B）/复制（C）/放弃（U）/参照（R）/退出（X）]：

5.2.4 缩放对象

在夹点编辑模式下确定基点后，在命令行提示下输入 SC 进入缩放模式，命令行将显示如下提示信息：

** 比例缩放 **

指定比例因子或[基点（B）/复制（C）/放弃（U）/参照（R）/退出（X）]：

5.2.5 镜像对象

与"镜像"命令的功能类似，镜像操作后将删除原对象。在夹点编辑模式下确定基点后，在命令行提示下输入 MI 进入镜像模式，命令行将显示如下提示信息：

** 镜像 **

指定第二点或 [基点（B）/复制（C）/放弃（U）/退出（X）]：

5.3 删除、移动、旋转和对齐对象

在 AutoCAD 2008 中，不仅可以使用夹点来移动、旋转、对齐对象，还可以通过"修改"菜单中的相关命令来实现。相关知识如下：

删除对象；

移动对象；

旋转对象；

对齐对象。

5.3.1 删除对象

选择"修改"→"删除"命令（ERASE），或在"面板"选项板的"二维绘图"选项区域中单击"删除"按钮，都可以删除图形中选中的对象。

通常，发出"删除"命令后，需要选择要删除的对象，然后按 Enter 键或空格键结束对象选择，同时删除已选择的对象。

5.3.2 移动对象

移动对象是指对象的重定位。选择"修改"→"移动"命令（MOVE），或在"面板"

选项板的"二维绘图"选项区域中单击"移动"按钮,可以在指定方向上按指定距离移动对象,对象的位置发生了改变,但方向和大小不改变。

5.3.3 旋转对象

选择"修改"→"旋转"命令(ROTATE),或在"面板"选项板的"二维绘图"选项区域中单击"修改"按钮,可以将对象绕基点旋转指定的角度。

执行该命令后,从命令行显示的"UCS 当前的正角方向:ANGDIR=逆时针 ANGBASE=0"提示信息中,可以了解到当前的正角度方向(如逆时针方向)、零角度方向与 X 轴正方向的夹角(如 0°)。

5.3.4 对齐对象

选择"修改"→"三维操作"→"对齐"命令(ALIGN),可以使当前对象与其他对象对齐,它既适用于二维对象,也适用于三维对象。

在对齐二维对象时,可以指定 1 对或 2 对对齐点(源点和目标点),在对齐三维对象时,则需要指定 3 对对齐点,如图 5-4 所示。

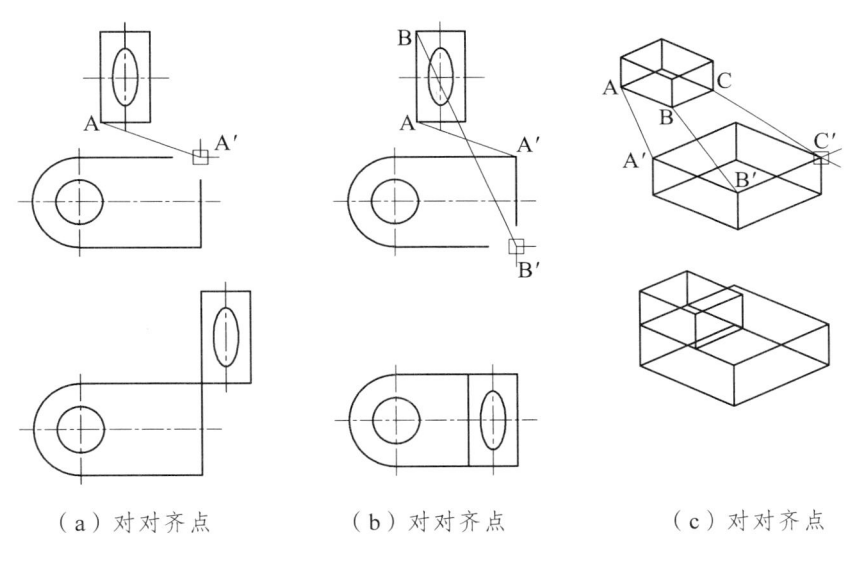

(a)对对齐点　　　　(b)对对齐点　　　　(c)对对齐点

图 5-4　对齐对象

5.4 复制、阵列、偏移和镜像对象

在 AutoCAD 2006 中,使用"复制""阵列""偏移""镜像"命令,可以复制对象,创建与原对象相同或相似的图形。相关知识如下:

复制对象;
阵列对象;

偏移对象；

镜像对象。

5.4.1 复制对象

选择"修改"→"复制"命令（COPY），或在"面板"选项板的"二维绘图"选项区域中单击"复制"按钮，可以对已有的对象复制出副本，并放置到指定的位置。

5.4.2 阵列对象

选择"修改"→"阵列"命令（ARRAY），或在"面板"选项板的"二维绘图"选项区域中单击"阵列"按钮，都可以打开"阵列"对话框，可以在该对话框中设置以矩形阵列或者环形阵列方式多重复制对象，如图5-5所示。

矩形阵列复制；

环形阵列复制。

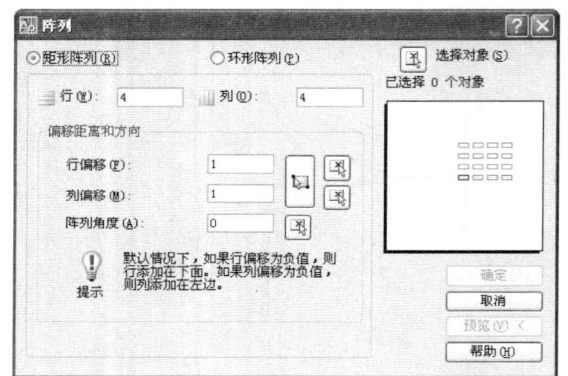
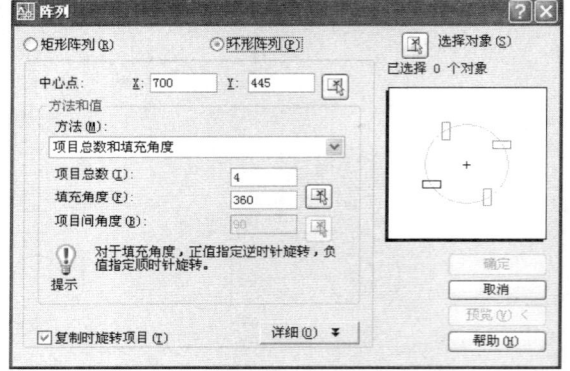

（a）矩形阵列　　　　　　　　　　　（b）环形阵列

图5-5　阵列复制对象

5.4.3 镜像对象

单击"修改"→"镜像"命令（MIRROR），或在"面板"选项板的"二维绘图"选项区域中单击"镜像"按钮，可以将对象以镜像线对称复制，如图5-6所示。

5.4.4 偏移对象

选择"修改"→"偏移"命令（OFFSET），或在"面板"选项板的"二维绘图"选项区域中单击"偏移"按钮，可以对指定的直线、圆弧、圆等对象作同心偏移复制。在实际应用中，常利用"偏移"命令的特性创建平行线或等距离分布图形。执行"偏移"命令时，其命令行显示如下提示：

指定偏移距离或 [通过（T）/删除（E）/图层（L）]＜通过＞：

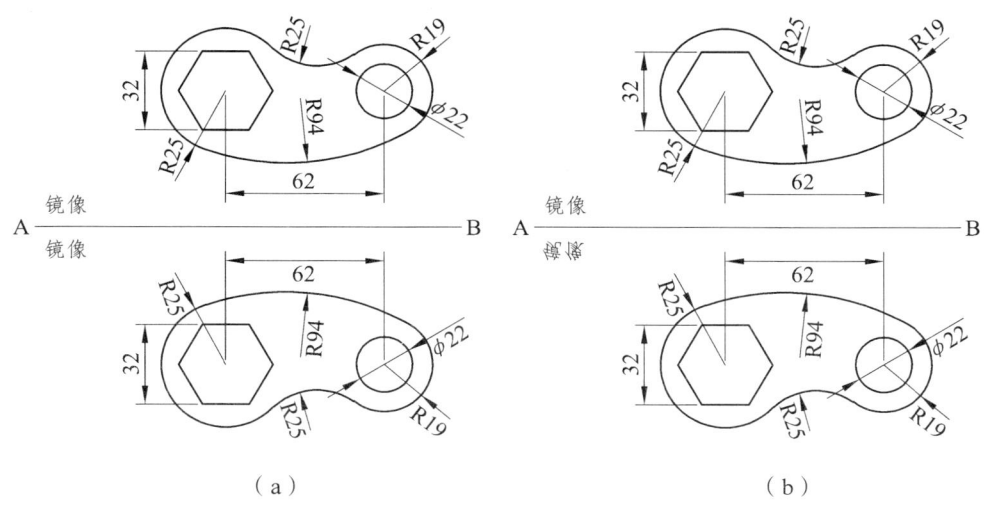

图 5-6 镜像复制对象

5.5 修改对象的形状和大小

在 AutoCAD 2006 中，可以使用"修剪"和"延伸"命令缩短或拉长对象，以与其他对象的边相接。也可以使用"缩放""拉伸"和"拉长"命令，在一个方向上调整对象的大小或按比例增大或缩小对象。相关知识如下：

修剪对象；

延伸对象；

缩放对象；

拉伸对象；

拉长对象。

5.5.1 修剪对象

选择"修改"→"修剪"命令（TRIM），或在"面板"选项板的"二维绘图"选项区域中单击"修剪"按钮，可以以某一对象为剪切边修剪其他对象。执行该命令，并选择了作为剪切边的对象后（可以是多个对象），按 Enter 键将显示如下提示信息。

选择要修剪的对象，或按住 Shift 键选择要延伸的对象，或[栏选（F）/窗交（C）/投影（P）/边（E）/删除（R）/放弃（U）]：

5.5.2 延伸对象

选择"修改"→"延伸"命令（EXTEND），或在"面板"选项板的"二维绘图"选项区域中单击"延伸"按钮，可以延长指定的对象与另一对象相交或外观相交。

5.5.3 缩放对象

选择"修改"→"缩放"命令（SCALE），或在"面板"选项板的"二维绘图"选项区域中单击"缩放"按钮，可以将对象按指定的比例因子相对于基点进行尺寸缩放，如图 5-7 所示。

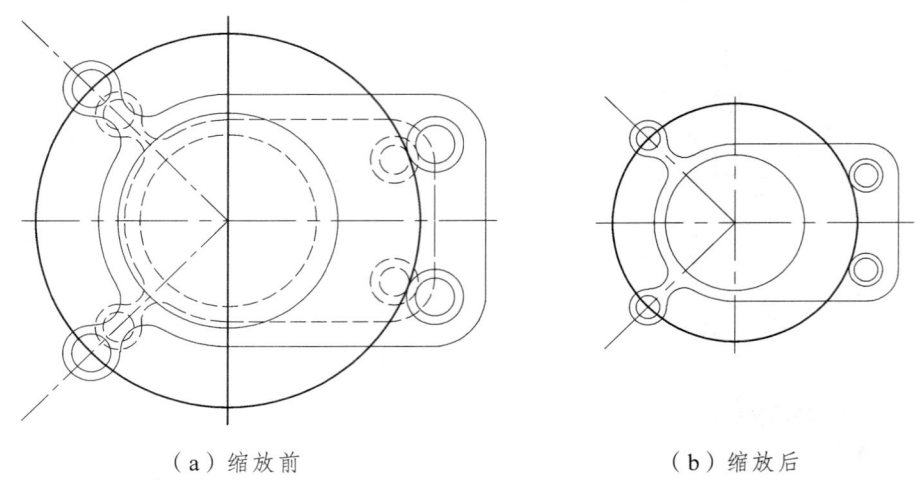

（a）缩放前　　　　　　　　　　　　（b）缩放后

图 5-7　缩放对象

5.5.4 拉伸对象

选择"修改"→"拉伸"命令（STRETCH），或在"面板"选项板的"二维绘图"选项区域中单击"拉伸"按钮，就可以移动或拉伸对象，操作方式根据图形对象在选择框中的位置决定。

5.5.5 拉长对象

选择"修改"→"拉长"命令（LENGTHEN），就可修改线段或者圆弧的长度。执行该命令时，命令行显示如下提示：

选择对象或 [增量（DE）/百分数（P）/全部（T）/动态（DY）]：

5.6　倒角、圆角和打断

在 AutoCAD 2008 中，可以使用"倒角""圆角"命令修改对象使其以平角或圆角相接，使用"打断"命令在对象上创建间距。相关知识如下：

倒角对象；

圆角对象；

打断；

合并对象；

分解对象。

5.6.1 倒角对象

选择"修改"→"倒角"命令（CHAMFER），或在"面板"选项板的"二维绘图"选项区域中单击"倒角"按钮，即可为对象绘制倒角。执行该命令时，命令行显示如下提示信息：

选择第一条直线或[放弃（U）/多段线（P）/距离（D）/角度（A）/修剪（T）/方式（E）/多个（M）]：

5.6.2 圆角对象

选择"修改"→"圆角"命令（FILLET），或在"面板"选项板的"二维绘图"选项区域中单击"圆角"按钮，即可对对象用圆弧修圆角。执行该命令时，命令行显示如下提示信息：

选择第一个对象或 [放弃（U）/多段线（P）/半径（R）/修剪（T）/多个（M）]：

5.6.3 打断

在 AutoCAD 2008 中，使用"打断"命令可部分删除对象或把对象分解成两部分，还可以使用"打断于点"命令将对象在一点处断开成两个对象。相关知识如下：

打断对象；

打断于点。

5.6.4 合并对象

如果需要连接某一连续图形上的两个部分，或者将某段圆弧闭合为整圆，可以选择"修改"→"合并"命令（JOIN），或在"面板"选项板的"二维绘图"选项区域中单击"合并"按钮。执行该命令并选择需要合并的对象，命令行将显示如下提示信息。

选择圆弧，以合并到源或进行 [闭合（L）]：

5.6.5 分解对象

对于矩形、块等由多个对象编组成的组合对象，如果需要对单个成员进行编辑，就需要先将它分解开。选择"修改"→"分解"命令（EXPLODE），或在"面板"选项板的"二维绘图"选项区域中单击"分解"按钮，选择需要分解的对象后按 Enter 键，即可分解图形并结束该命令。

5.7 编辑对象特性

对象特性包含一般特性和几何特性，一般特性包括对象的颜色、线型、图层及线宽等，几何特性包括对象的尺寸和位置。可以直接在"特性"窗口中设置和修改对象的特性。相关知识如下：

打开"特性"选项板；

"特性"选项板的功能。

5.7.1 打开"特性"选项板

选择"修改"→"特性"命令，或选择"工具"→"选项板"→"特性"命令，也可以在"标准注释"工具栏中单击"特性"按钮，打开"特性"选项板，如图 5-8 所示。

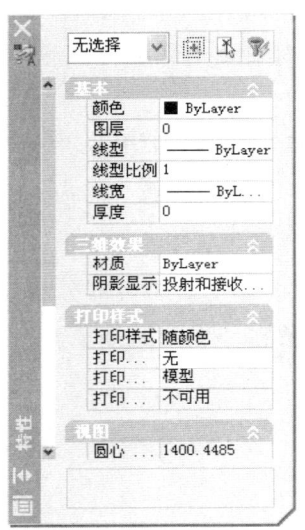

图 5-8 特性选项板

5.7.2 "特性"选项板的功能

"特性"选项板中显示了当前选择集中对象的所有特性和特性值，当选中多个对象时，将显示它们的共有特性。可以通过它浏览、修改对象的特性，也可以通过它浏览、修改满足应用程序接口标准的第三方应用程序对象。

情景六 控制图形显示

在中文版 AutoCAD 2008 中，可以使用多种方法来观察绘图窗口中绘制的图形，如使用"视图"菜单中的命令，使用"视图"工具栏中的工具按钮，以及使用视口和鸟瞰视图等，通过这些方式可以灵活地观察图形的整体效果或局部细节。

6.1 重画与重生成图形

在绘图和编辑过程中，屏幕上常常留下对象的拾取标记，这些临时标记并不是图形中的对象，有时会使当前图形画面显得混乱，这时就可以使用 AutoCAD 的重画与重生成图形功能清除这些临时标记。相关知识如下：

重画图形；

重生成图形。

6.1.1 重画图形

在 AutoCAD 中，使用"重画"命令，系统将在显示内存中更新屏幕，消除临时标记。使用重画命令（REDRAW），可以更新用户使用的当前视区。

6.1.2 重生成图形

"重生成"命令有以下两种形式，选择"视图"→"重生成"命令（REGEN）可以更新当前视区；选择"视图"→"全部重生成"命令（REGENALL），可以同时更新多重视口。

6.2 缩放视图

按一定比例、观察位置和角度显示的图形称为视图。在 AutoCAD 中，可以通过缩放视图来观察图形对象。缩放视图可以增加或减少图形对象的屏幕显示尺寸，但对象的真实尺寸保持不变。通过改变显示区域和图形对象的大小更准确、更详细地绘图。

"缩放"菜单和工具栏；

实时缩放视图；

窗口缩放视图；
动态缩放视图；
设置视图中心点。

6.2.1 "缩放"菜单和工具栏

在 AutoCAD 2008 中，选择"视图"→"缩放"命令（ZOOM）中的子命令或使用"缩放"工具栏，可以缩放视图，如图6-1所示。

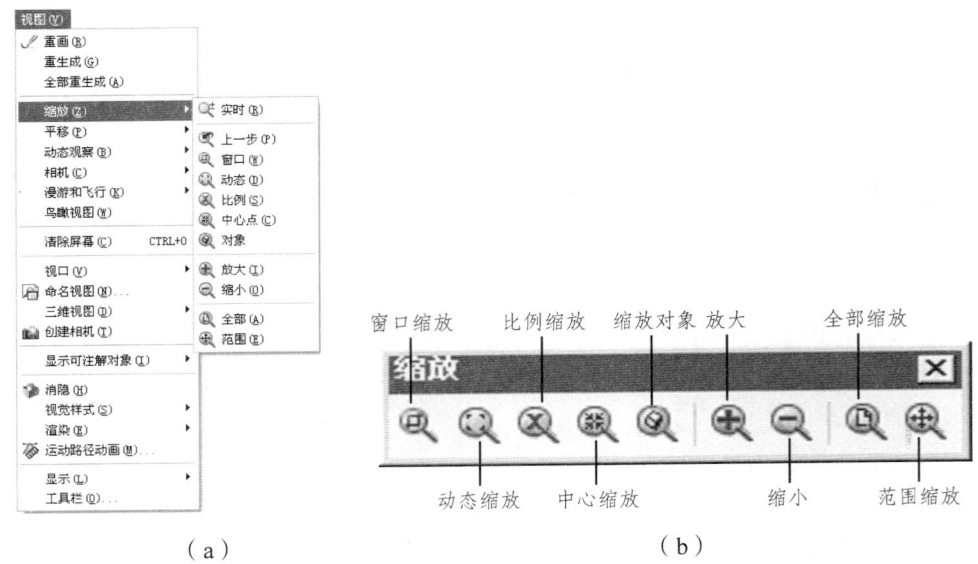

图 6-1 缩放菜单和工具栏

6.2.2 实时缩放视图

选择"视图"→"缩放"→"实时"命令，或在"面板"选项板的"二维导航"选项区域中单击"实时缩放"按钮，进入实时缩放模式，此时鼠标指针呈十字形状。此时向上拖动光标可放大整个图形，向下拖动光标可缩小整个图形，释放鼠标后停止缩放。

6.2.3 窗口缩放视图

选择"视图"→"缩放"→"窗口"命令，可以在屏幕上拾取两个对角点以确定一个矩形窗口，之后系统将矩形范围内的图形放大至整个屏幕。

6.2.4 动态缩放视图

选择"视图"→"缩放"→"动态"命令，可以动态缩放视图。当进入动态缩放模式时，在屏幕中将显示一个带"×"的矩形方框。单击鼠标左键，此时选择窗口中心的"×"消失，显示一个位于右边框的方向箭头，拖动鼠标可改变选择窗口的大小，以确定选择区域大小，最后按下 Enter 键，即可缩放图形。

6.2.5 设置视图中心点

选择"视图"→"缩放"→"中心点"命令，在图形中指定一点，然后指定一个缩放比例因子或者指定高度值来显示一个新视图，而选择的点将作为该新视图的中心点。如果输入的数值比默认值小，则会增大图像。如果输入的数值比默认值大，则会缩小图像。

6.3 平移视图

使用平移视图命令，可以重新定位图形，以便看清图形的其他部分。此时不会改变图形中对象的位置或比例，只改变视图。相关知识点如下：

"平移"菜单；

实时平移；

定点平移。

6.3.1 "平移"菜单

选择"视图"→"平移"命令中的子命令（见图 6-2），单击"标准"工具栏中的"实时平移"按钮，或在命令行直接输入 PAN 命令，都可以平移视图。

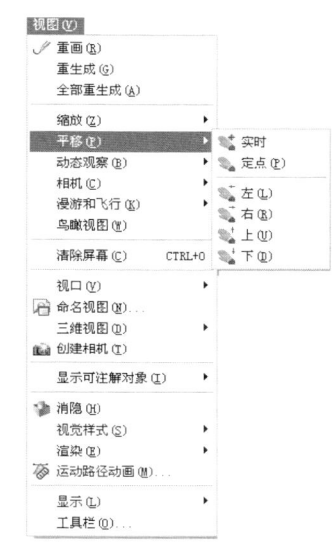

图 6-2 平移菜单

6.3.2 实时平移

选择"视图"→"平移"→"实时"命令，此时光标指针变成一只小手如图 6-3 所示。按住鼠标左键拖动，窗口内的图形就可按光标移动的方向移动。释放鼠标，可返回到平移等待状态。按 Esc 键或 Enter 键退出实时平移模式。

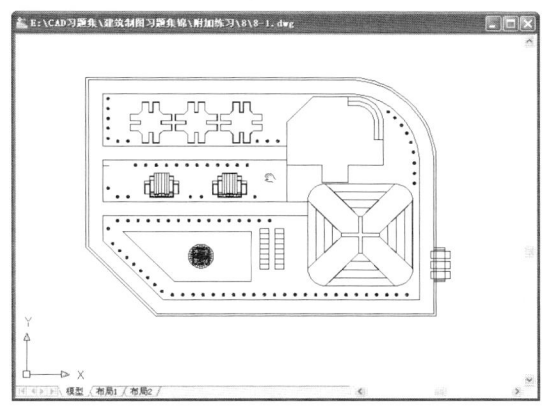

图 6-3 实时平移模式

6.3.3 定点平移

选择"视图"→"平移"→"定点"命令，可以通过指定基点和位移值来平移视图。

6.4 使用命名视图

用户可以在一张工程图纸上创建多个视图。当要观看、修改图纸上的某一部分视图时，将该视图恢复出来即可。相关知识如下：
命名视图；
恢复命名视图。

6.4.1 命名视图

选择"视图"→"命名视图"命令（VIEW），或在"视图"工具栏中单击"命名视图"按钮，打开"视图管理器"对话框，如图6-4所示。

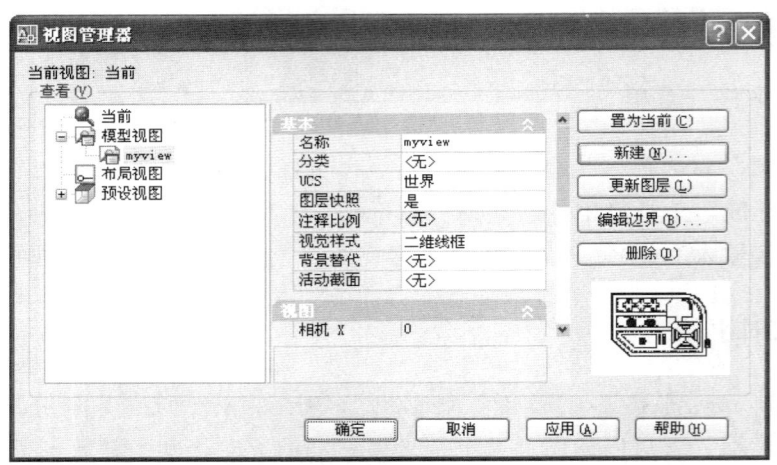

图 6-4　视图管理器

6.4.2 恢复命名视图

在 AutoCAD 中，可以一次命名多个视图，当需要重新使用一个已命名视图时，只需将该视图恢复到当前视口即可。如果绘图窗口中包含多个视口，也可以将视图恢复到活动视口中，或将不同的视图恢复到不同的视口中，以同时显示模型的多个视图。

6.5 使用鸟瞰视图

"鸟瞰视图"属于定位工具，它提供了一种可视化平移和缩放视图的方法。可以在另外一个独立的窗口中显示整个图形视图以便快速移动到目的区域。在绘图时，如果鸟瞰视图保持打开状态，则可以直接缩放和平移，无需选择菜单选项或输入命令。相关知识如下：

使用鸟瞰视图观测图形；

改变鸟瞰视图中图像大小；

改变鸟瞰视图的更新状态。

6.5.1 使用鸟瞰视图观察图形

选择"视图"→"鸟瞰视图"命令（DSVIEWER），打开鸟瞰视图，如图 6-5 所示。可以使用其中的矩形框来设置图形观察范围。例如，要放大图形，可缩小矩形框；要缩小图形，可放大矩形框。

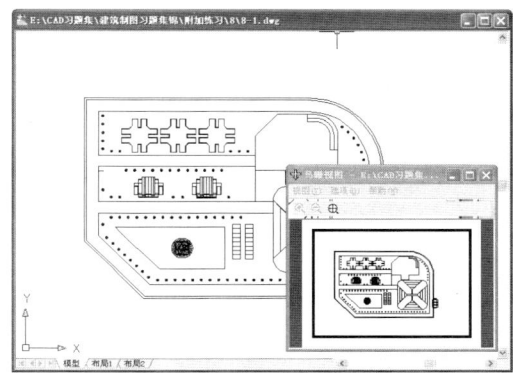

图 6-5 鸟瞰视图

6.5.2 改变鸟瞰视图中图像大小

在鸟瞰视图中，可使用"视图"菜单中的命令或单击工具栏中的相应工具按钮，显示整个图形或递增调整图像大小来改变鸟瞰视图中图像的大小，但这些改变并不会影响到绘图区域中的视图。

6.5.3 改变鸟瞰视图的更新状态

默认情况下，AutoCAD 自动更新鸟瞰视图窗口以反映在图形中所作的修改。当绘制复杂的图形时，关闭动态更新功能可以提高程序性能。

在"鸟瞰视图"窗口中，使用"选项"菜单中的命令，可以改变鸟瞰视图的更新状态。

6.6 使用平铺视口

在绘图时，为了方便编辑，常常需要将图形的局部进行放大，以显示细节。当需要观察图形的整体效果时，仅使用单一的绘图视口已无法满足需要了。此时，可使用 AutoCAD 的平铺视口功能，将绘图窗口划分为若干视口。相关知识如下：

平铺视口的特点；

创建平铺视口；

分割与合并视口。

6.6.1 平铺视口的特点

在 AutoCAD 2008 中，使用"视图"→"视口"子菜单中的命令或"视口"工具栏，可以在模型空间创建和管理平铺视口，如图 6-6 所示。

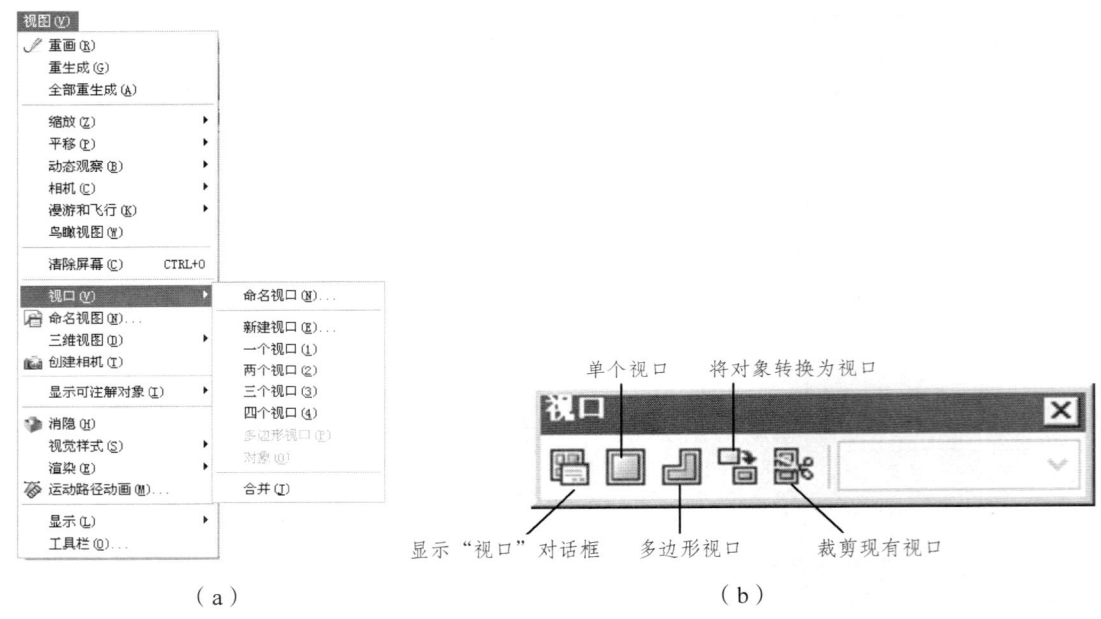

图 6-6 平铺视口 菜单与工具栏

6.6.2 创建平铺视口

选择"视图"→"视口"→"新建视口"命令（VPOINTS），或在"视口"工具栏中单击"显示视口对话框"按钮，打开"视口"对话框，如图 6-7 所示。使用"新建视口"选项卡可以显示标准视口配置列表及创建并设置新的平铺视口。

6.6.3 分割与合并视口

在 AutoCAD 2008 中，选择"视图"→"视口"子菜单中的命令，可以在不改变视口显示的情况下，分割或合并当前视口。

选择"视图"→"视口"→"合并"命令，系统要求选定一个视口作为主视口，然后选择一个相邻视口，并将该视口与主视口合并。

情景六 控制图形显示

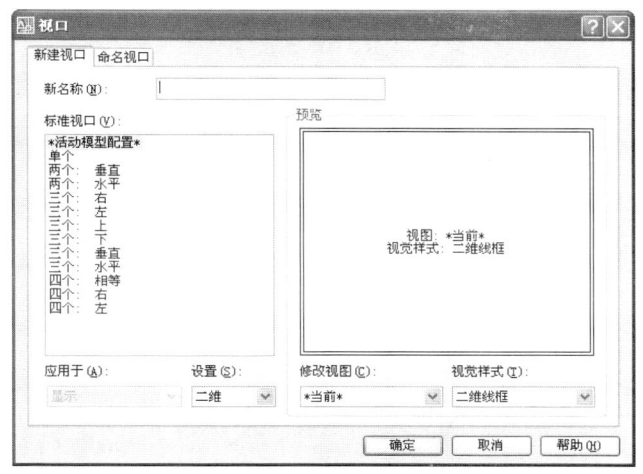

图 6-7 视口对话框

6.7 打开或关闭可见元素

在 AutoCAD 中，图形的复杂程度会直接影响系统刷新屏幕或处理命令的速度。为了提高程序的性能，可以关闭文字、线宽或填充显示。

打开或关闭填充；

打开或关闭线宽显示；

打开或关闭文字快速显示。

6.7.1 控制填充显示

使用 FILL 变量可以打开或关闭宽线、宽多段线和实体填充，如图 6-8 所示。当关闭填充时，可以提高 AutoCAD 的显示处理速度。

（a）打开填充模式 Fill=ON

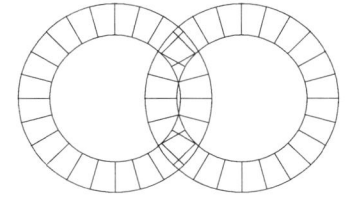
（b）关闭填充模式 Fill=OFF

图 6-8 控制填充显示

6.7.2 控制线宽显示

单击状态栏上的"线宽"按钮或使用"线宽设置"对话框，可以切换线宽显示的开和关，如图 6-9 所示。线宽以实际尺寸打印，但在模型选项卡中与像素成比例显示，任何线宽的宽度如果超过了一个像素就有可能降低 AutoCAD 的显示处理速度。如果要使 AutoCAD 的显示性能最优，则在图形中工作时应该把线宽显示关闭。

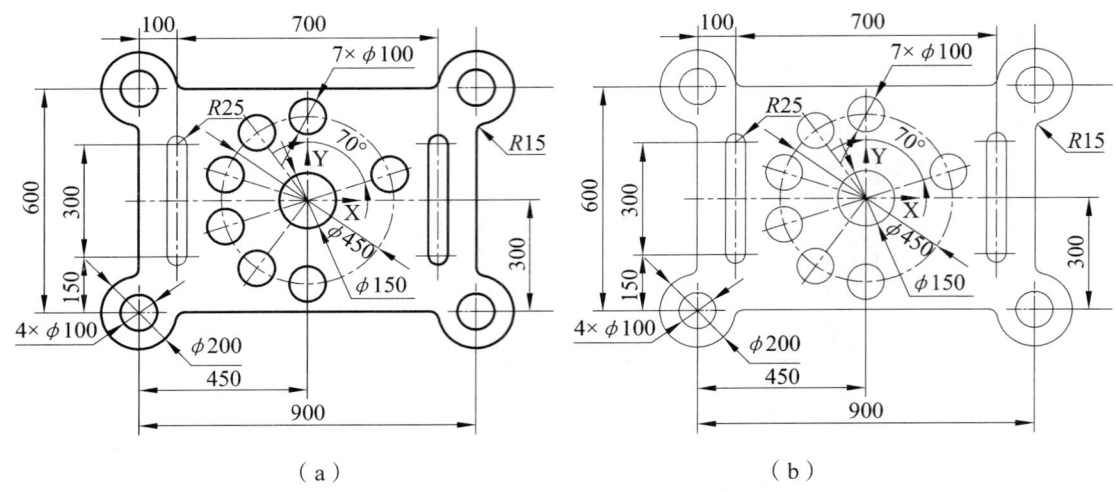

图 6-9 控制线宽显示

6.7.3 控制文字快速显示

在 AutoCAD 中，可以通过设置系统变量 QTEXT 打开"快速文字"模式或关闭文字的显示，如图 6-10 所示。快速文字模式打开时，只显示定义文字的框架。

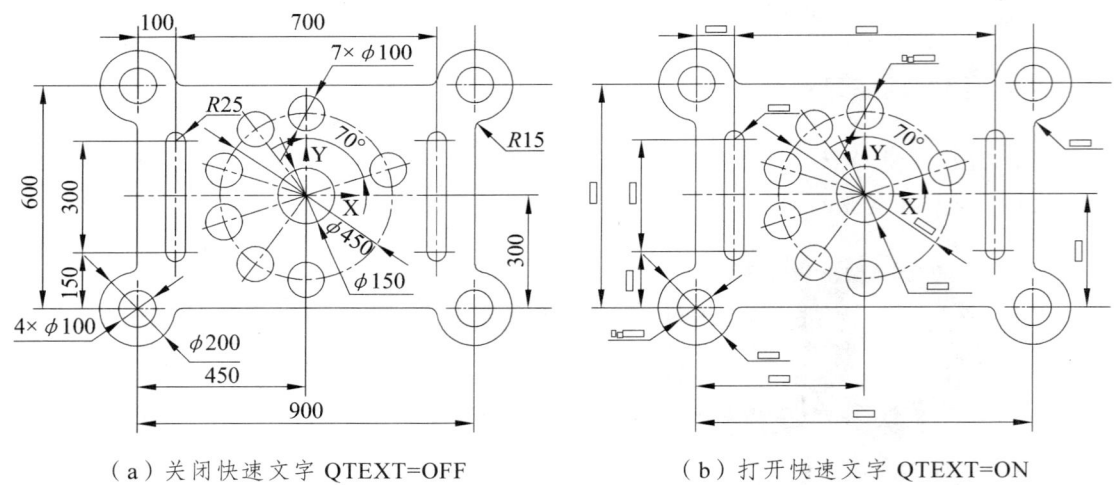

（a）关闭快速文字 QTEXT=OFF　　　（b）打开快速文字 QTEXT=ON

图 6-10 控制文字显示

情景七 精确绘制图形

在绘图时，灵活运用 AutoCAD 所提供的绘图工具进行准确定位，可以有效地提高绘图的精确性和效率。在中文版 AutoCAD 2008 中，可以使用系统提供的对象捕捉、对象捕捉追踪等功能，在不输入坐标的情况下快速、精确地绘制图形。

7.1 使用捕捉、栅格和正交功能定位点

在绘制图形时，尽管可以通过移动光标来指定点的位置，但却很难精确指定点的某一位置。因此，要精确定位点，必须使用坐标或捕捉功能。在情境二中已经详细介绍了使用坐标来精确定位点的方法，本章主要介绍如何使用系统提供的栅格、捕捉和正交功能来精确定位点。相关知识如下：

设置栅格和捕捉；

使用 GRID 与 SNAP 命令；

使用正交模式。

7.1.1 设置栅格和捕捉

"捕捉"用于设定鼠标光标移动的间距。"栅格"是一些标定位置的小点，起坐标纸的作用，可以提供直观的距离和位置参照。在 AutoCAD 中，使用"捕捉"和"栅格"功能，可以提高绘图效率。

相关设置如图 7-1 所示。

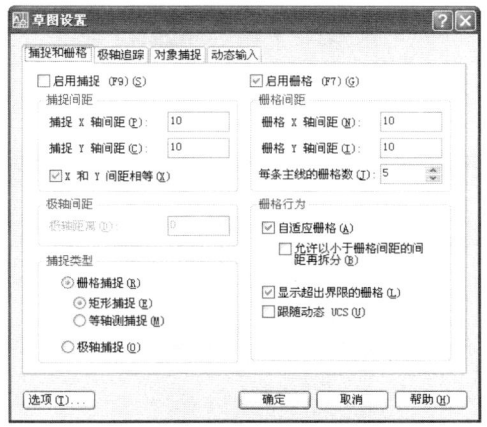

图 7-1 设置栅格和捕捉

打开或关闭捕捉和栅格功能；
设置捕捉和栅格参数。

7.1.2 使用 GRID 与 SNAP 命令

不仅可以通过"草图设置"对话框设置栅格和捕捉参数，还可以通过 GRID 与 SNAP 命令来设置。相关命令如下：

使用 GRID 命令；
使用 SNAP 命令。

7.1.3 使用正交模式

使用 ORTHO 命令，可以打开正交模式，用于控制是否以正交方式绘图。在正交模式下，可以方便地绘制出与当前 X 轴或 Y 轴平行的线段。打开或关闭正交方式有以下两种方法：

在 AutoCAD 程序窗口的状态栏中单击"正交"按钮。
按 F8 键打开或关闭。

7.2 使用对象捕捉功能

在绘图的过程中，经常要指定一些已有对象上的点，例如端点、圆心和两个对象的交点等。如果只凭观察来拾取不可能非常准确地找到这些点。为此，AutoCAD 2008 提供了对象捕捉功能，可以迅速、准确地捕捉到某些特殊点，从而精确地绘制图形。

打开对象捕捉功能；
运行和覆盖捕捉模式。

7.2.1 打开对象捕捉功能

在 AutoCAD 中，可以通过"对象捕捉"工具栏和"草图设置"对话框等方式调用对象捕捉功能，如图 7-2，图 7-3 所示。

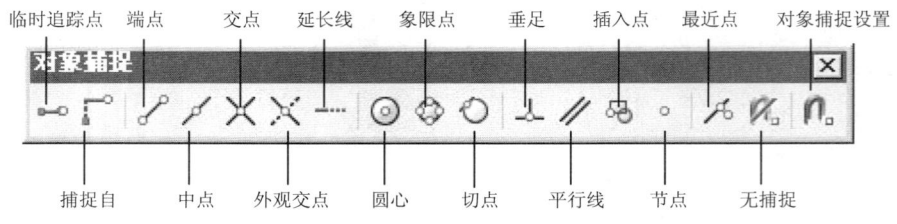

图 7-2 对象捕捉工具栏

"对象捕捉"工具栏；
使用自动捕捉功能；

对象捕捉快捷菜单（见图 7-4）。

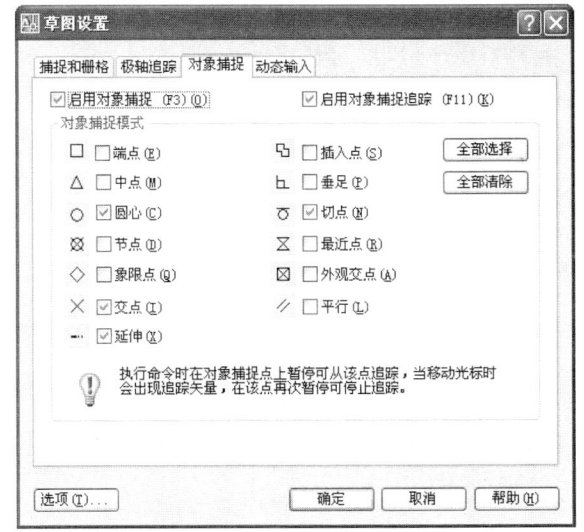

图 7-3　草图设置对话框

图 7-4　对象捕捉快捷菜单

7.2.2　运行和覆盖捕捉模式

在 AutoCAD 中，对象捕捉模式又可以分为运行捕捉模式和覆盖捕捉模式。

在"草图设置"对话框的"对象捕捉"选项卡中，设置的对象捕捉模式始终处于运行状态，直到关闭为止，称为运行捕捉模式。

如果在点的命令行提示下输入关键字（如 MID、CEN、QUA 等）、单击"对象捕捉"工具栏中的工具或在对象捕捉快捷菜单中选择相应命令，只临时打开捕捉模式，称为覆盖捕捉模式，仅对本次捕捉点有效，在命令行中显示一个"于"标记。

7.3　使用自动追踪

在 AutoCAD 中，自动追踪可按指定角度绘制对象，或者绘制与其他对象有特定关系的对象。自动追踪功能分极轴追踪和对象捕捉追踪两种，是非常有用的辅助绘图工具。相关知识如下：

极轴追踪与对象捕捉追踪；
使用临时追踪点和捕捉自功能；
使用自动追踪功能绘图。

7.3.1　极轴追踪与对象捕捉追踪

极轴追踪功能可以在系统要求指定一个点时，按预先设置的角度增量显示一条无限延伸的辅助线（这是一条虚线），这时就可以沿辅助线追踪得到光标点。可在"草图设置"对话框的"极轴追踪"选项卡中对极轴追踪和对象捕捉追踪进行设置，如图 7-5 所示。

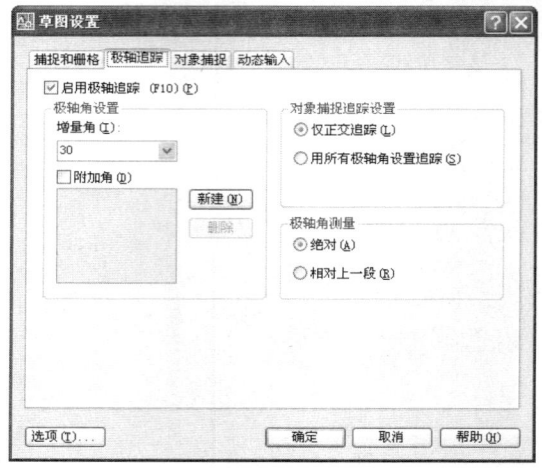

图 7-5　设置极轴追踪和对象捕捉追踪

7.3.2　使用"临时追踪点"和"捕捉自"功能

在"对象捕捉"工具栏中，还有两个非常有用的对象捕捉工具，即"临时追踪点"和"捕捉自"工具。

7.3.3　使用自动追踪功能绘图

使用自动追踪功能可以快速而精确地定位点，在很大程度上提高了绘图效率。在 AutoCAD 2008 中，要设置自动追踪功能选项，可打开"选项"对话框，在"草图"选项卡的"自动追踪设置"选项区域中进行设置。

7.4　使用动态输入

在 AutoCAD 2008 中，使用动态输入功能可以在指针位置处显示标注输入和命令提示等信息，从而极大地方便了绘图。相关知识如下：
启用指针输入；
启用标注输入；
显示动态提示。

7.4.1　启用指针输入

在"草图设置"对话框的"动态输入"选项卡中，选中"启用指针输入"复选框可以启用指针输入功能，如图 7-6 所示。可以在"指针输入"选项区域中单击"设置"按钮，使用打开的"指针输入设置"对话框设置指针的格式和可见性。

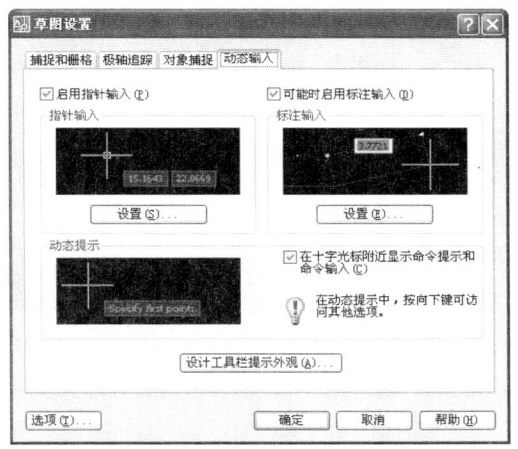 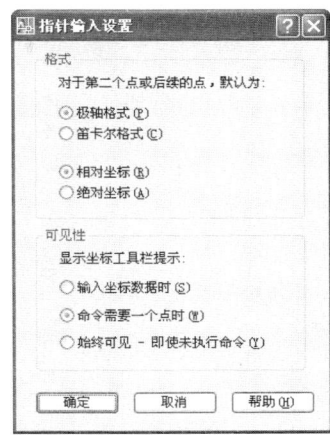

（a）动态输入选项卡　　　　　　　　（b）指针输入设置

图 7-6　启用指针设置

7.4.2　启用标注输入

在"草图设置"对话框的"动态输入"选项卡中，选中"可能时启用标注输入"复选框可以启用标注输入功能。在"标注输入"选项区域中单击"设置"按钮，使用打开的"标注输入的设置"对话框可以设置标注的可见性，如图 7-7 所示。

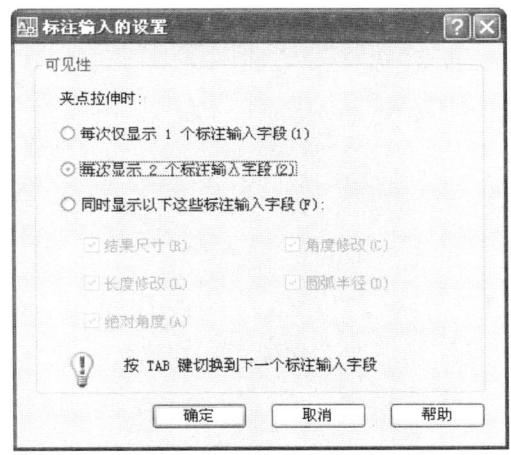

图 7-7　标注输入的对话框

7.4.3　显示动态提示

在"草图设置"对话框的"动态输入"选项卡中，选中"动态提示"选项区域中的"在十字光标附近显示命令提示和命令输入"复选框，可以在光标附近显示命令提示，如图 7-8 所示。

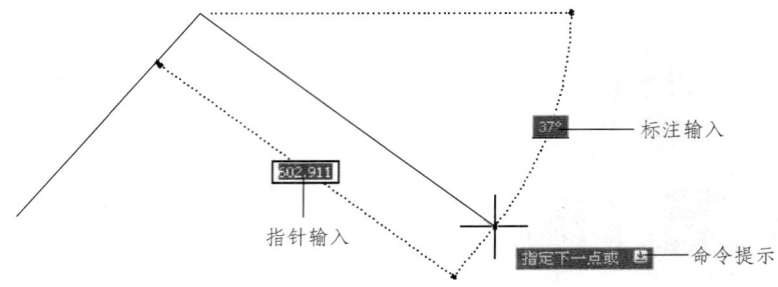

图 7-8 显示动态提示

情景八　创建面域与图案填充

面域是具有边界的平面区域，它是一个面对象，内部可以包含孔。虽然从外观来说，面域和一般的封闭线框没有区别，但实际上面域就像是一张没有厚度的纸，除了包括边界外，还包括边界内的平面。

图案填充是一种使用指定线条图案来充满指定区域的图形对象，常常用于表达剖切面和不同类型物体对象的外观纹理等，被广泛应用在绘制机械图、建筑图、地质构造图等各类图形中。

8.1　将图形转换为面域

在 AutoCAD 2006 中，可以将由某些对象围成的封闭区域转换为面域，这些封闭区域可以是圆、椭圆、封闭的二维多段线和封闭的样条曲线等对象，也可以是由圆弧、直线、二维多段线、椭圆弧、样条曲线等对象构成的封闭区域。相关知识如下：

创建面域；

对面域进行布尔运算；

从面域中提取数据。

8.1.1　创建面域

要创建面域，可以选择"绘图"→"面域"命令（REGION），或在"面板"选项板的"二维绘图"选项区域中单击"面域"按钮，然后选择一个或多个用于转换为面域的封闭图形，当按下 Enter 键后即可将它们转换为面域。因为圆、多边形等封闭图形属于线框模型，而面域属于实体模型，因此它们在选中时表现的形式也不相同，如图 8-1 所示。

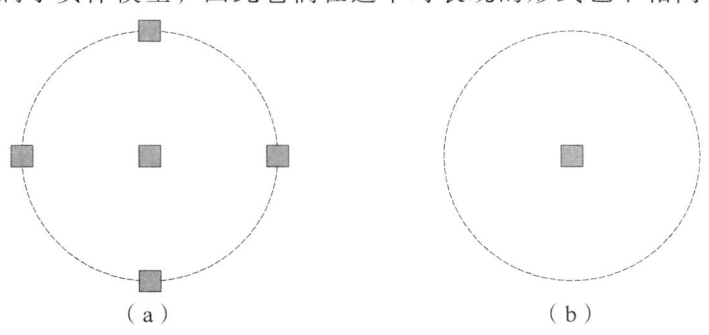

图 8-1　创建面域

8.1.2 对面域进行布尔运算

布尔运算是数学上的一种逻辑运算，在 AutoCAD 绘图中对提高绘图效率具有很大作用，尤其当绘制比较复杂的图形时。布尔运算的对象只包括实体和共面的面域，对于普通的线条图形对象无法使用布尔运算，如图 8-2 所示。

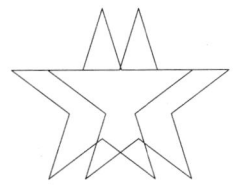  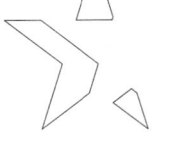 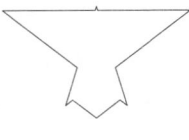

（a）原始面域　　（b）面域的并集运算　　（c）面域的差集运算　　（d）面域的交集运算

图 8-2　对面域进行布尔运算

8.1.3 从面域中提取数据

面域对象除了具有一般图形对象的属性外，还具有面对象的属性，其中一个重要的属性就是质量特性。

在 AutoCAD 2008 中，选择"工具"→"查询"→"面域/质量特性"命令（MASSPROP），并选择要提取数据的面域对象，然后按下 Enter 键，系统将自动切换到"AutoCAD 文本窗口"，并显示选择的面域对象的数据特性，如图 8-3 所示。

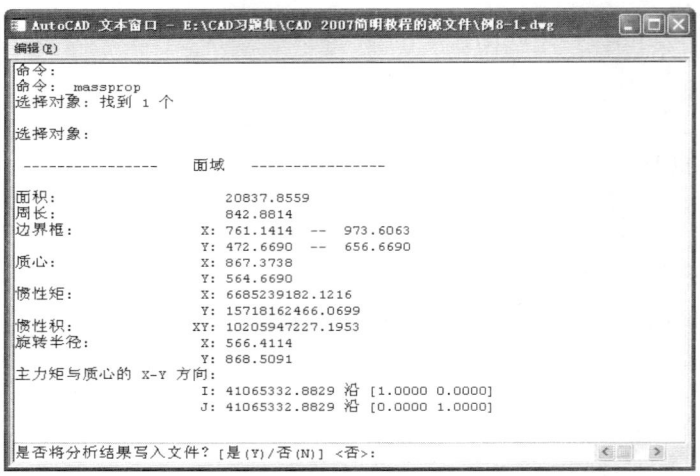

图 8-3　显示面域对象的数据特性

8.2 使用图案填充

要重复绘制某些图案以填充图形中的一个区域，来表达该区域的特征，这种填充操作称为图案填充。图案填充的应用非常广泛，例如，在机械工程图中，可以用图案填充

表达一个剖切的区域,也可以使用不同的图案填充来表达不同的零部件或者材料。相关知识如下:

设置图案填充;
设置孤岛;
使用渐变色填充图形;
编辑图案填充;
分解图案。

8.2.1 设置图案填充

选择"绘图"→"图案填充"命令(BHATCH),或在在"面板"选项板的"二维绘图"选项区域中单击"图案填充"按钮,打开"图案填充和渐变色"对话框的"图案填充"选项卡,可以设置图案填充时的类型和图案、角度和比例等特性如图 8-4 所示。

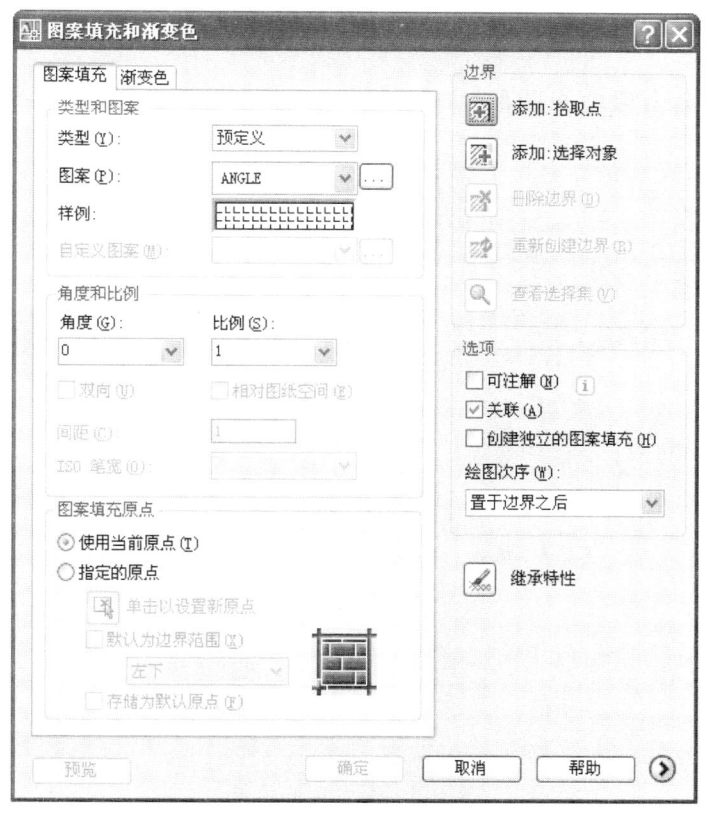

图 8-4 图案填充选项卡

8.2.2 设置孤岛

单击"图案填充和渐变色"对话框右下角的按钮,将显示更多选项,如设置孤岛和边界保留等信息,如图 8-5 所示。

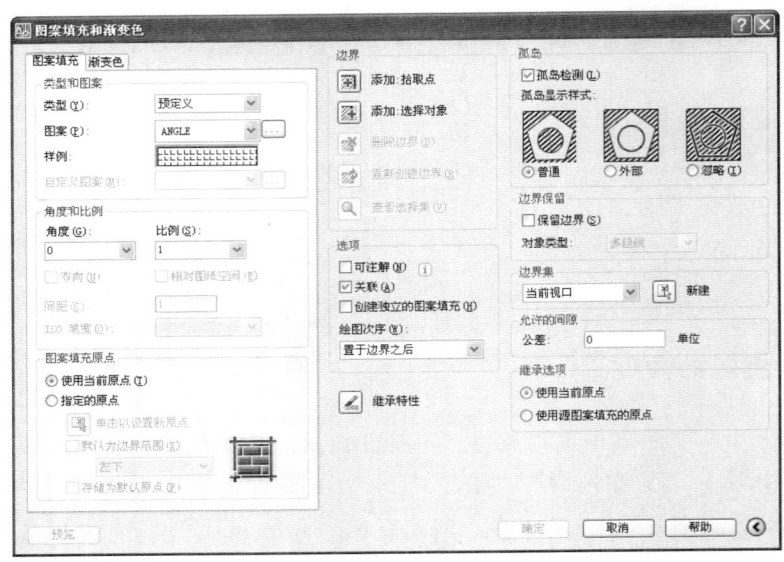

图 8-5 设置孤岛信息

8.2.3 使用渐变色填充图形

使用"图案填充和渐变色"对话框的"渐变色"选项卡创建一种或两种颜色形成的渐变色，并对图案进行填充，如图 8-6 所示。

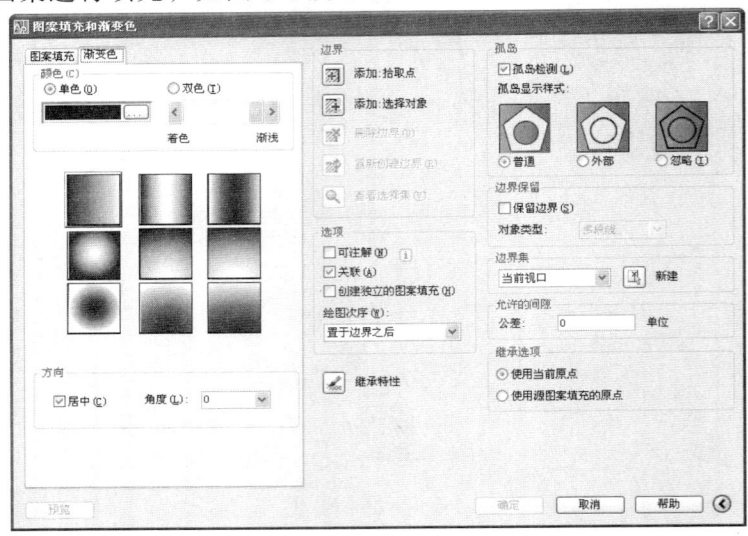

图 8-6 渐变色选项卡

8.2.4 编辑图案填充

创建了图案填充后，如果需要修改填充图案或修改图案区域的边界，可选择"修改"→"对象"→"图案填充"命令，然后在绘图窗口中单击需要编辑的图案填充，这时将打开"图案填充编辑"对话框，如图 8-7 所示。

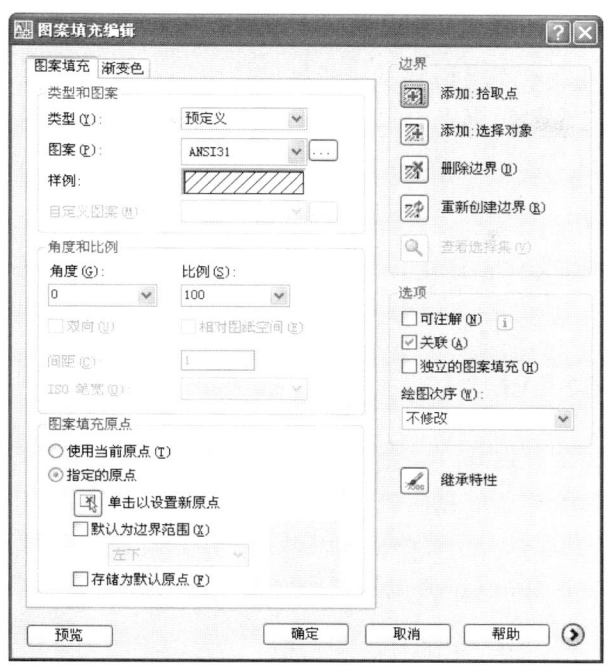

图 8-7 图案填充编辑对话框

8.2.5 分解图案

图案是一种特殊的块,被称为"匿名"块,无论形状多复杂,它都是一个单独的对象。可以使用"修改"→"分解"命令来分解一个已存在的关联图案。

图案被分解后,它将不再是一个单一对象,而是一组组成图案的线条。同时,分解后的图案也失去了与图形的关联性,因此,将无法使用"修改"→"对象"→"图案填充"命令来编辑。

8.3 绘制圆环、宽线与二维填充图形

圆环、宽线与二维填充图形都属于填充图形对象。如果要显示填充效果,可以使用FILL 命令,并将填充模式设置为"开(ON)"。相关知识如下:
绘制圆环;
绘制宽线;
绘制二维填充图形。

8.3.1 绘制圆环

绘制圆环是创建填充圆环或实体填充圆的一个捷径。在 AutoCAD 中,圆环实际上是由具有一定宽度的多段线封闭形成的。

要创建圆环，可选择"绘图"→"圆环"命令（DONUT），指定它的内径和外径，然后通过指定不同的圆心来连续创建直径相同的多个圆环对象，直到按 Enter 键结束命令。如果要创建实体填充圆，应将内径值指定为 0。

8.3.2 绘制宽线

绘制宽线需要使用 TRACE 命令，其使用方法与"直线"命令相似，绘制的宽线图形类似填充四边形。

8.3.3 绘制二维填充图形

在 AutoCAD 2008 中，选择"绘图"→"曲面"→"二维填充"命令（SOLID），可以绘制三角形和四边形的有色填充区域。

绘制三角形填充区域时，选择"绘图"→"曲面"→"二维填充"命令，依次指定三角形的 3 个角点，按下 Enter 键直到退出命令即可，如图 8-8（a）所示。

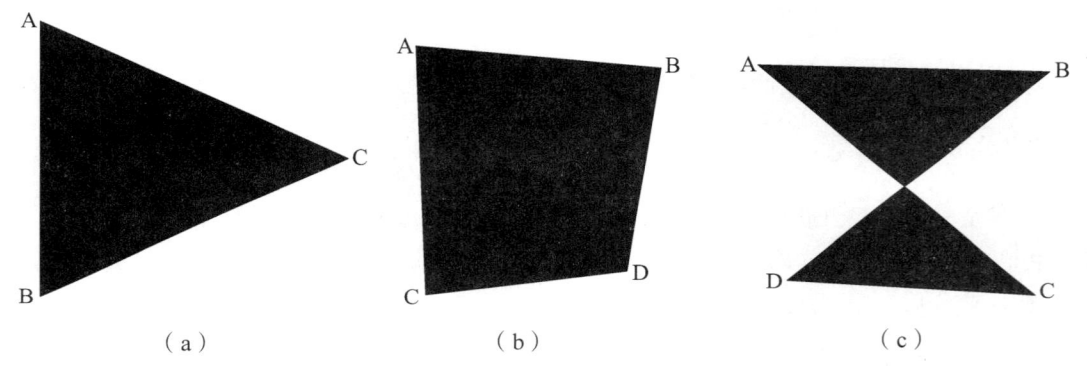

图 8-8　绘制三维填充图形

同样，使用"绘图"→"曲面"→"二维填充"命令也可以绘制四边形填充区域，但如果第 3 点和第 4 点的顺序不同，得到的图形形状也将不同，如图 8-8（b），图 8-8（c）所示。

情景九　创建文字和表格

文字对象是 AutoCAD 图形中很重要的图形元素,是机械制图和工程制图中不可缺少的组成部分。在一个完整的图样中,通常都包含一些文字注释来标注图样中的一些非图形信息。例如,机械工程图形中的技术要求、装配说明以及工程制图中的材料说明、施工要求等。另外,在 AutoCAD 2008 中,使用表格功能可以创建不同类型的表格,还可以在其他软件中复制表格,以简化制图操作。

9.1　创建文字样式

在 AutoCAD 2006 中,所有文字都有与之相关联的文字样式。在创建文字注释和尺寸标注时,AutoCAD 通常使用当前的文字样式。也可以根据具体要求重新设置文字样式或创建新的样式。文字样式包括文字"字体""字型""高度""宽度系数""倾斜角""反向""倒置"以及"垂直"等参数,如图 9-1 所示。相关知识如下:

设置样式名;
设置字体;
设置文字效果;
预览与应用文字样式。

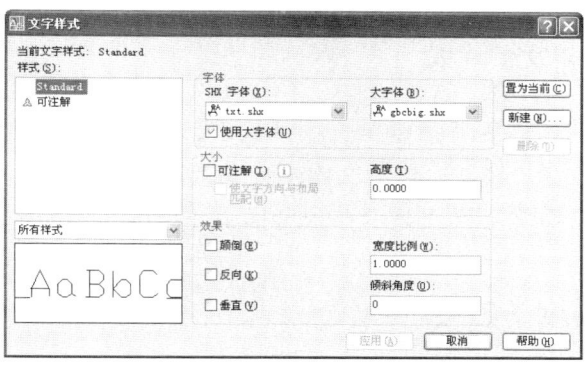

图 9-1　文字样式设置对话框

9.1.1　设置样式名

在"样式名"选项区域中,可以显示文字样式的名称、创建新的文字样式(见图 9-2)、为已有的文字样式重命名以及删除文字样式。

图 9-2 新建文字样式对话框

9.1.2 设置字体

"文字样式"对话框的"字体"选项区域用于设置文字样式使用的字体属性。其中，"字体名"下拉列表框用于选择字体；"字体样式"下列表框用于选择字体格式，如斜体、粗体和常规字体等。选中"使用大字体"复选框，"字体样式"下拉列表框变为"大字体"下拉列表框，用于选择大字体文件。

9.1.3 设置文字效果

在"文字样式"对话框中的"效果"选项区域中，可以设置文字的显示效果，见图 9-3 所示。

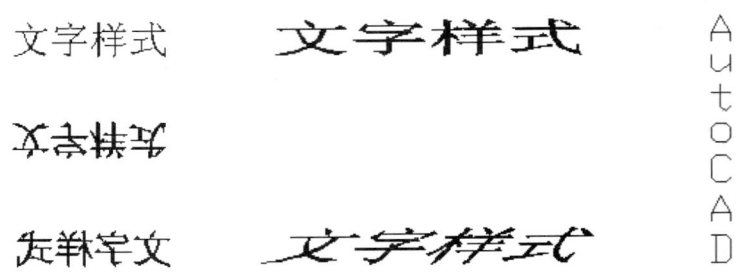

图 9-3 设置文字显示效果

9.1.4 预览与应用文字样式

在"文字样式"对话框的"预览"选项区域中，可以预览所选择或所设置的文字样式效果。其中，在"预览"按钮左侧的文本框中输入要预览的字符，单击"预览"按钮，可以将输入的字符按当前文字样式显示在预览框中。

9.2 创建与编辑单行文字

在 AutoCAD 2008 中，使用"文字"工具栏可以创建和编辑文字，如图 9-4 所示。对于单行文字来说，每一行都是一个文字对象，因此可以用来创建文字内容比较简短的文字对象（如标签），并且可以进行单独编辑。相关知识如下：

创建单行文字；

使用文字控制符；
编辑单行文字。

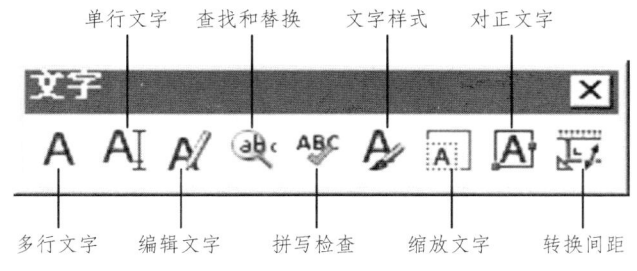

图 9-4 文字工具栏

9.2.1 创建单行文字

选择"绘图"→"文字"→"单行文字"命令（DTEXT），单击"文字"工具栏中的"单行文字"按钮，或在"面板"选项的"文字"选项区域中单击"单行文字"按钮，均可以在图形中创建单行文字对象。执行该命令时，AutoCAD 提示：

当前文字样式：Standard 当前文字高度：2.5000
指定文字的起点或[对正（J）/样式（S）]:

9.2.2 使用文字控制符

AutoCAD 的控制符由两个百分号（%%）及在后面紧接一个字符构成，如表 9-1 所示。

表 9-1 文字控制符

控制符	功能
%%O	打开或关闭文字上划线
%%U	打开或关闭文字下划线
%%D	标注度（°）符号
%%P	标注正负公差（±）符号
%%C	标注直径（ϕ）符号

9.2.3 编辑单行文字

编辑单行文字包括编辑文字的内容、对正方式及缩放比例，可以选择"修改"→"对象"→"文字"子菜单中的命令进行设置。

9.3 创建与编辑多行文字

"多行文字"又称为段落文字，是一种更易于管理的文字对象，可以由两行以上的文字组成，而且各行文字都是作为一个整体处理。在机械制图中，常使用多行文字功能创建较为复杂的文字说明，如图样的技术要求等。相关知识如下：

创建多行文字；

编辑多行文字。

9.3.1 创建多行文字

选择"绘图"→"文字"→"多行文字"命令（MTEXT），或在"绘图"工具栏中单击"多行文字"按钮，或在"面板"选项板的"文字"选项区域中单击"多行文字"按钮，然后在绘图窗口中指定一个用来放置多行文字的矩形区域，将打开"文字格式"工具栏和文字输入窗口，如图9-5所示。

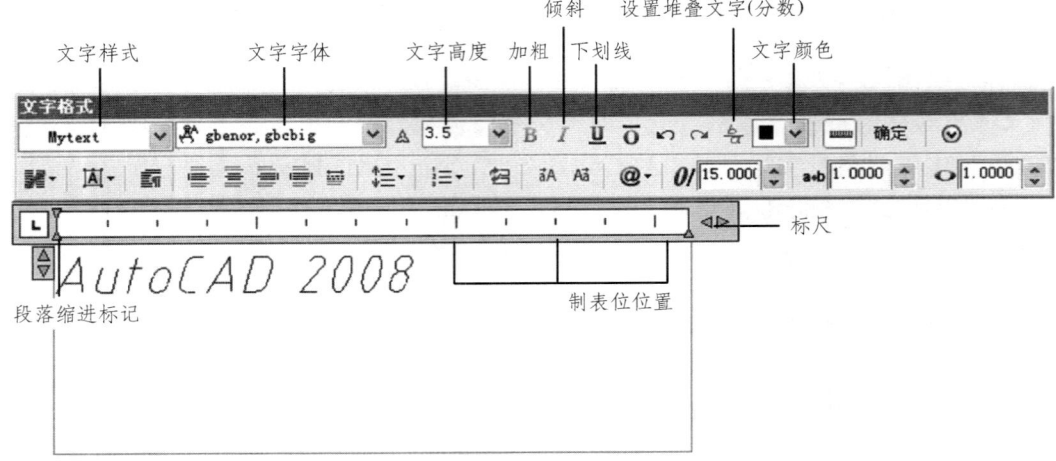

图 9-5 文字格式工具栏与文字输入窗口

9.3.2 编辑多行文字

要编辑创建的多行文字，可选择"修改"→"对象"→"文字"→"编辑"命令（DDEDIT），并单击创建的多行文字，打开多行文字编辑窗口，然后参照多行文字的设置方法，修改并编辑文字。

9.4 创建表格样式和表格

在 AutoCAD 2008 中，可以使用创建表格命令创建表格，还可以从 Microsoft Excel 中直接复制表格，并将其作为 AutoCAD 表格对象粘贴到图形中，也可以从外部直接导入表格对象。此外，还可以输出来自 AutoCAD 的表格数据，以供在 Microsoft Excel 或其他应用程序中使用。相关知识如下：

新建表格样式；

设置表格的数据、列标题和标题样式；

管理表格样式；

创建表格；

编辑表格和表格单元。

9.4.1 新建表格样式

表格样式控制一个表格的外观。使用表格样式，可以保证标准的字体、颜色、文本、高度和行距。可以使用默认的标准的或者自定义的表格样式来满足需要，并在必要时重用它们。

在 AutoCAD 2008 中，选择"格式"→"表格样式"命令（TABLESTYLE），打开"表格样式"对话框，如图 9-6 所示。

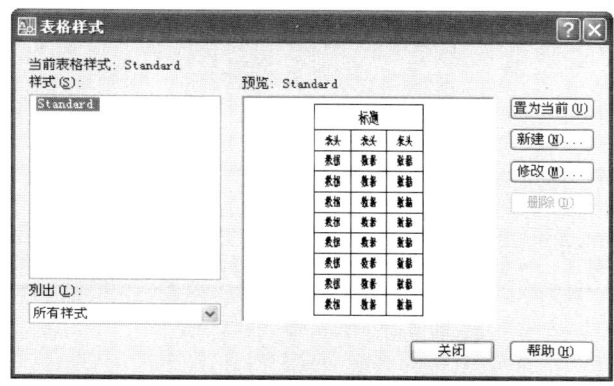

图 9-6　表格样式对话框

9.4.2　设置表格的数据、列标题和标题样式

在"新建表格样式"对话框中，可以在"单元样式"选项区域的下拉列表框中选择"数据""标题"和"表头"选项来分别设置表格的数据、标题和表头对应的样式，如图 9-7 所示。

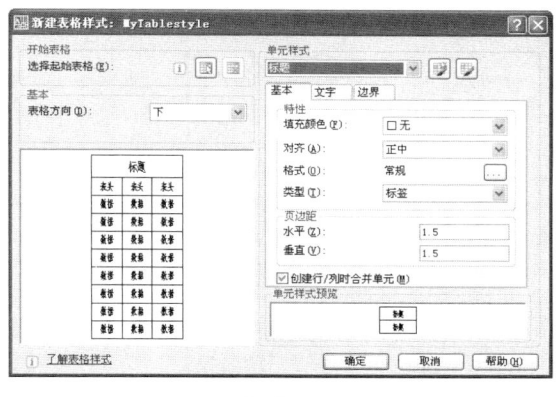

（a）

（b）

图 9-7　新建表格样式对话框

9.4.3 管理表格样式

在 AutoCAD 2008 中，还可以使用"表格样式"对话框来管理图形中的表格样式，如图 9-8 所示。在该对话框的"当前表格样式"后面，显示当前使用的表格样式（默认为 Standard）；在"样式"列表中显示了当前图形所包含的表格样式；在"预览"窗口中显示了选中表格的样式；在"列出"下拉列表中，可以通过选择"样式"列表表明是显示图形中的所有样式，还是正在使用的样式。

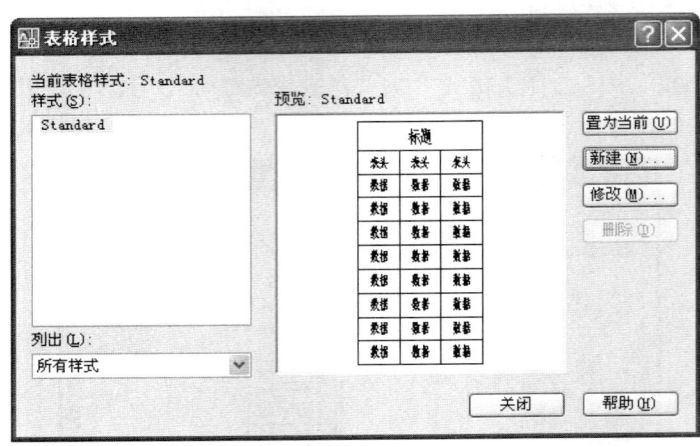

图 9-8 表格样式对话框

9.4.4 创建表格

选择"绘图"→"表格"命令，或在"面板"选项板的"表格"选项区域中单击"表格"按钮，打开"插入表格"对话框，如图 9-9 所示。

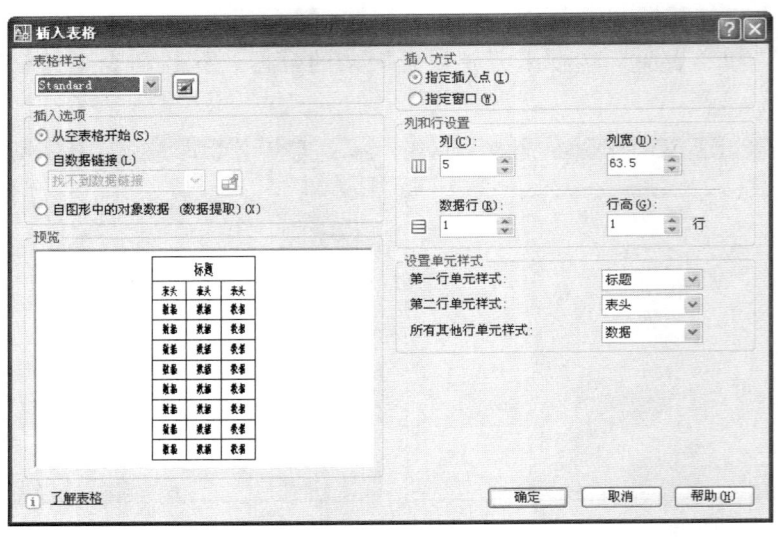

图 9-9 插入表格对话框

9.4.5 编辑表格和表格单元

在 AutoCAD 2008 中,还可以使用表格的快捷菜单来编辑表格和表格单元,如图 9-10 所示。

（a）　　　　　　　　　　　（b）

图 9-10　编辑表格和表格单元

情景十　标注图形尺寸

在图形设计中，尺寸标注是绘图设计工作中的一项重要内容，因为绘制图形的根本目的是反映对象的形状，并不能表达清楚图形的设计意图，而图形中各个对象的真实大小和相互位置只有经过尺寸标注后才能确定。AutoCAD 包含了一套完整的尺寸标注命令和实用程序，可以轻松完成图纸中要求的尺寸标注。例如，使用 AutoCAD 中的"直径""半径""角度""线性""圆心标记"等标注命令，可以对直径、半径、角度、直线及圆心位置等进行标注。

10.1　尺寸标注的规则与组成

由于尺寸标注对传达有关设计元素的尺寸和材料等信息有着非常重要的作用，因此在对图形进行标注前，应先了解尺寸标注的组成、类型、规则及步骤等。相关知识如下：

尺寸标注的规则；

尺寸标注的组成；

尺寸标注的类型 ；

创建尺寸标注的基本步骤。

10.1.1　尺寸标注的规则

在 AutoCAD 2008 中，对绘制的图形进行尺寸标注时应遵循以下规则：

（1）物体的真实大小应以图样上所标注的尺寸数值为依据，与图形的大小及绘图的准确度无关。

（2）图样中的尺寸以毫米为单位时，不需要标注计量单位的代号或名称。如采用其他单位，则必须注明相应计量单位的代号或名称，如度、厘米及米等。

（3）图样中所标注的尺寸为该图样所表示的物体的最后完工尺寸，否则应另加说明。

（4）一般物体的每一尺寸只标注一次，并应标注在最后反映该结构最清晰的图形上。

10.1.2　尺寸标注的组成

在机械制图或其他工程绘图中，一个完整的尺寸标注应由标注文字、尺寸线、尺寸界线、尺寸线的端点符号及起点等组成，如图 10-1 所示。

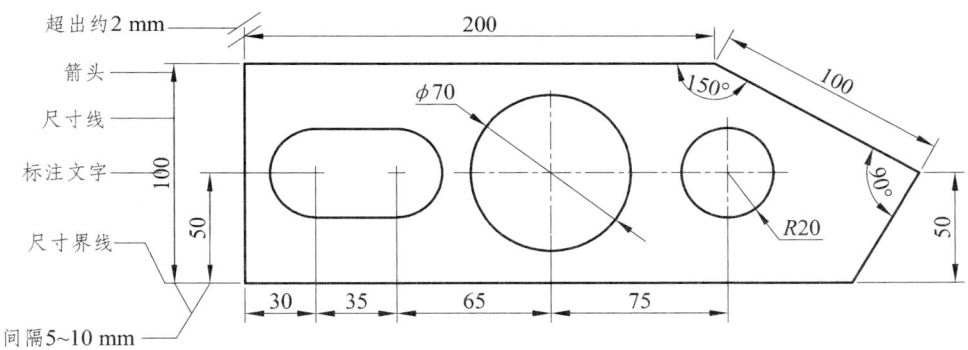

图 10-1　尺寸标记样例

10.1.3　尺寸标注的类型

AutoCAD 2008 提供了十余种标注工具以标注图形对象,分别位于"标注"菜单或"标注"工具栏中。使用它们可以进行角度、直径、半径、线性、对齐、连续、圆心及基线等标注,如图 10-2 所示。

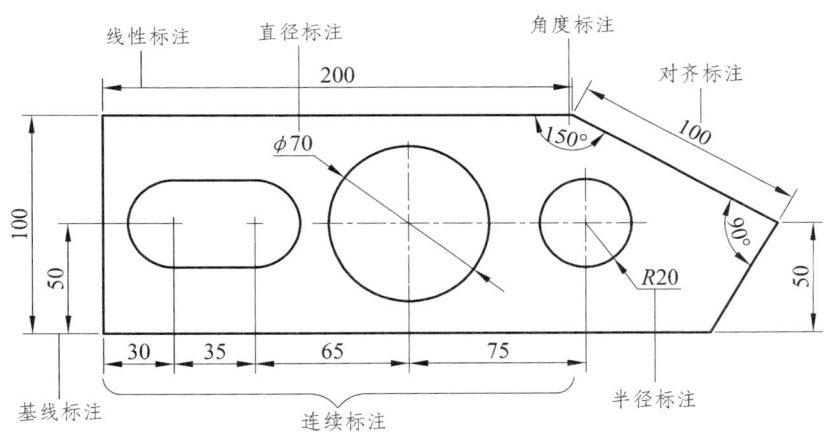

图 10-2　尺寸标注的类型

10.1.4　创建尺寸标注的基本步骤

在 AutoCAD 中对图形进行尺寸标注的基本步骤如下。

(1)选择"格式"→"图层"命令,使用打开的"图层特性管理器"对话框创建一个独立的图层,用于尺寸标注。

(2)选择"格式"→"文字样式"命令,使用打开的"文字样式"对话框创建一种文字样式,用于尺寸标注。

(3)选择"格式"→"标注样式"命令,使用打开的"标注样式管理器"对话框,设置标注样式。

(4)使用对象捕捉和标注等功能,对图形中的元素进行标注。

10.2 创建与设置标注样式

在 AutoCAD 中，使用标注样式可以控制标注的格式和外观，建立强制执行的绘图标准，并有利于对标注格式及用途进行修改。本节将着重介绍使用"标注样式管理器"对话框创建标注样式的方法。相关知识如下：

新建标注样式；
设置直线；
设置符号和箭头；
设置文字；
设置调整；
设置主单位；
设置单位换算；
设置公差。

10.2.1 新建标注样式

选择"格式"→"标注样式"命令，打开"标注样式管理器"对话框，如图 10-3 所示。

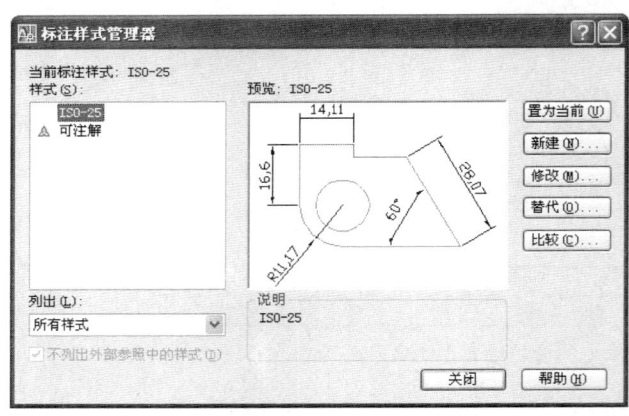

图 10-3 标注样式对话框

10.2.2 设置直线格式

在"新建标注样式"对话框中，可以使用"直线和箭头"选项卡设置尺寸线、尺寸界线的格式和位置。

尺寸线；
尺寸界线。

10.2.3 设置符号和箭头

在"新建标注样式"对话框中，使用"符号和箭头"选项卡可以设置箭头、圆心标记、弧长符号和半径标注折弯的格式与位置，如图 10-4 所示。

箭头；
圆心标记；
弧长符号；
半径标注折弯；
标注打断；
线性折弯标注。

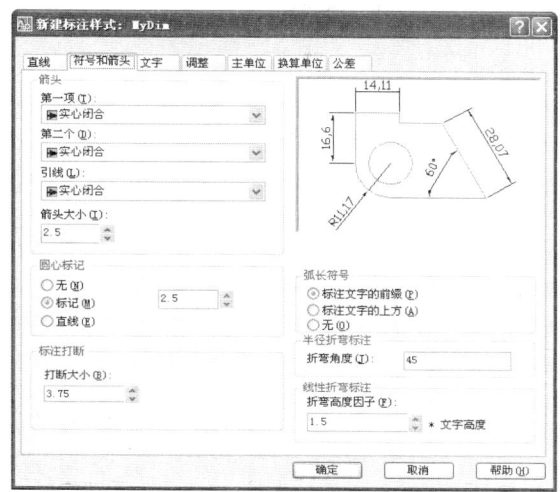

图 10-4 符号和箭头选项卡

10.2.4 设置文字

在"新建标注样式"对话框中，可以使用"文字"选项卡设置标注文字的外观、位置和对齐方式，如图 10-5 所示。

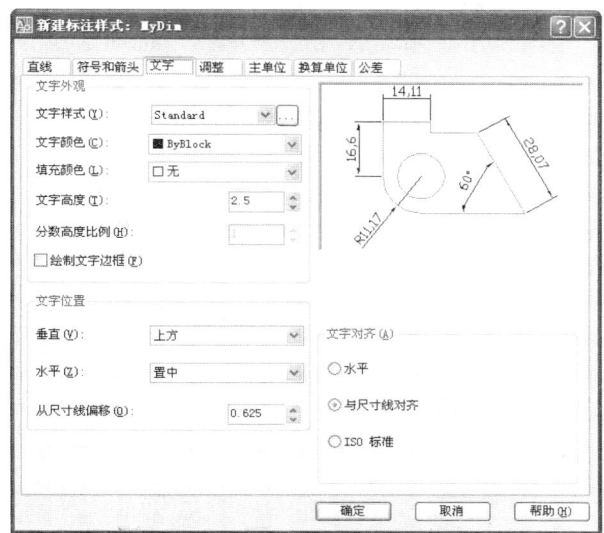

图 10-5 文字选项卡

文字外观；
文字位置；
文字对齐。

10.2.5 设置调整

在"新建标注样式"对话框中，可以使用"调整"选项卡设置标注文字、尺寸线、尺寸箭头的位置，如图10-6所示。

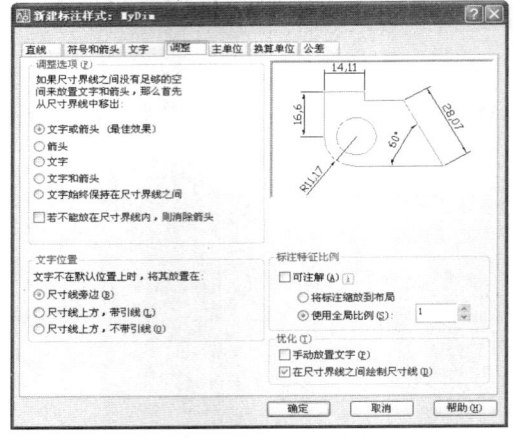

图 10-6 调整选项卡

调整选项；
文字位置；
标注特征比例；
优化。

10.2.6 设置主单位

在"新标注样式"对话框中，可以使用"主单位"选项卡设置主单位的格式与精度等属性，如图10-7所示。

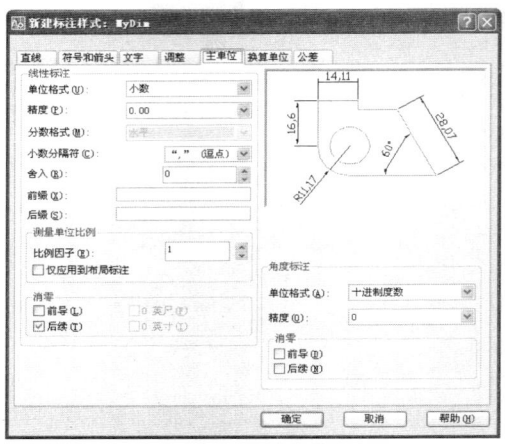

图 10-7 主单位选项卡

线性标注；
角度标注。

10.2.7 设置单位换算

在"新建标注样式"对话框中，可以使用"换算单位"选项卡设置换算单位的格式，如图 10-8 所示。

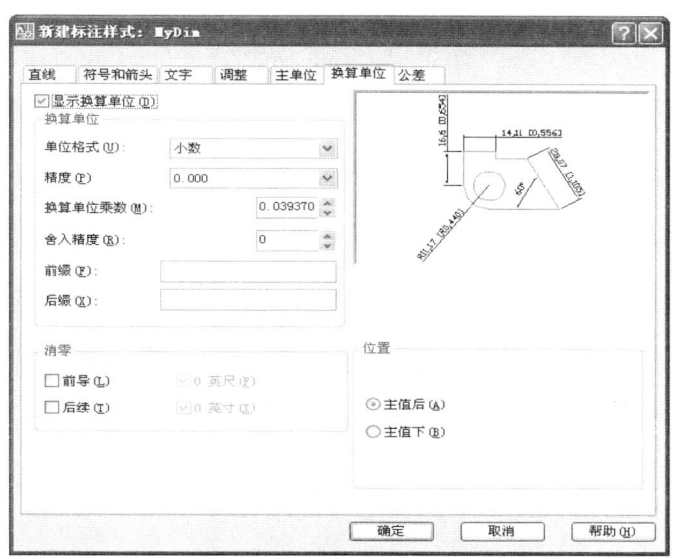

图 10-8　换算单位选项卡

10.2.8 设置公差

在"新建标注样式"对话框中，可以使用"公差"选项卡设置是否标注公差，以及以何种方式进行标注，如图 10-9 所示。

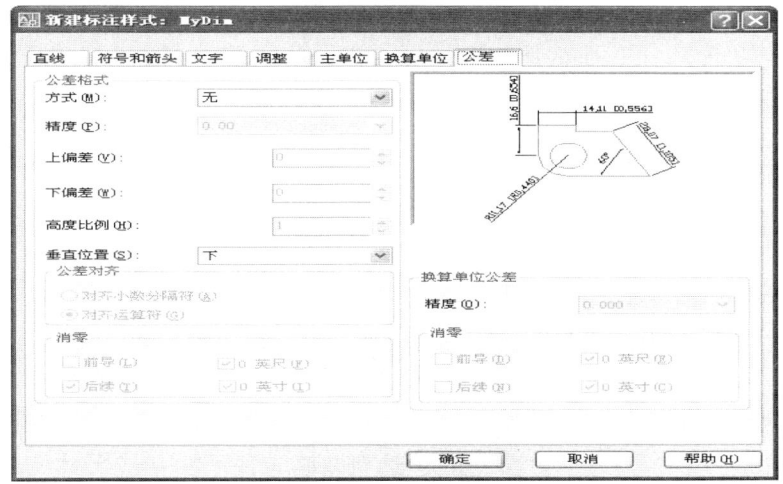

图 10-9　公差选项卡

10.3 长度型尺寸标注

长度型尺寸标注用于标注图形中两点间的长度，可以是端点、交点、圆弧弦线端点或能够识别的任意两个点。在 AutoCAD 2008 中，长度型尺寸标注包括多种类型，如线性标注、对齐标注、弧长标注、基线标注和连续标注等。相关知识如下：

线性标注；
对齐标注；
弧长标注；
基线标注；
连续标注。

10.3.1 线性标注

选择"标注"→"直线"命令（DIMLINEAR），或在"标注"工具栏中单击"线性"按钮，可创建用于标注用户坐标系 XY 平面中的两个点之间的距离测量值，并通过指定点或选择一个对象来实现，此时命令行显示如下提示信息：

指定第一条尺寸界线原点或 <选择对象>：
指定起点；
选择对象。

10.3.2 对齐标注

选择"标注"→"对齐"命令（DIMALIGNED），或在"标注"工具栏中单击"对齐"按钮，可以对对象进行对齐标注，命令行显示如下提示信息：

指定第一条尺寸界线原点或<选择对象>：

由此可见，对齐标注是线性标注尺寸的一种特殊形式。在对直线段进行标注时，如果该直线的倾斜角度未知，那么使用线性标注方法将无法得到准确的测量结果，这时可以使用对齐标注。

10.3.3 弧长标注

选择"标注"→"弧长"命令（DIMARC），或在"标注"工具栏中单击"弧长"按钮，可以标注圆弧线段或多段线圆弧线段部分的弧长，如图 10-10 所示。当选择需要的标注对象后，命令行显示如下提示信息：

指定弧长标注位置或 [多行文字（M）/文字（T）/角度（A）/部分（P）/]：

当指定了尺寸线的位置后，系统将按实际测量值标注出圆弧的长度。也可以利用"多行文字（M）""文字（T）"或"角度（A）"选项，确定尺寸文字或尺寸文字的旋转角度。另外，如果选择"部分（P）"选项，可以标注选定圆弧某一部分的弧长。

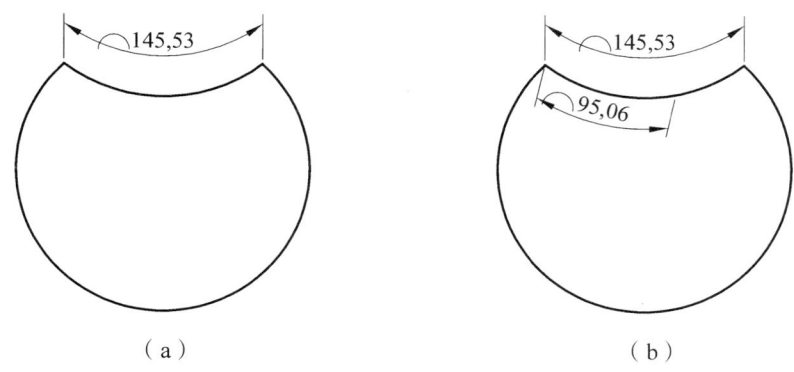

图 10-10 标注弧长

10.3.4 基线标注

选择"标注"→"基线"命令（DIMBASELINE），或在"标注"工具栏中单击"基线"按钮，可以创建一系列由相同的标注原点测量出来的标注。

10.3.5 连续标注

选择"标注"→"连续"命令（DIMCONTINUE），或在"标注"工具栏中单击"连续"按钮，可以创建一系列端对端放置的标注，每个连续标注都从前一个标注的第二个尺寸界线处开始。

10.4 半径、直径和圆心标注

在 AutoCAD 中，可以使用"半径""直径"与"圆心"命令，标注圆或圆弧的半径尺寸、直径尺寸及圆心位置相关知识如下。
半径标注；
折弯标注；
直径标注；
圆心标记 。

10.4.1 半径标注

选择"标注"→"半径"命令（DIMRADIUS），或在"标注"工具栏中单击"半径"按钮，可以标注圆和圆弧的半径。执行该命令，并选择要标注半径的圆弧或圆，此时命令行显示如下提示信息：

指定尺寸线位置或 [多行文字（M）/文字（T）/角度（A）]:

10.4.2 折弯标注

选择"标注"→"折弯"命令(DIMJOGGED),或在"标注"工具栏中单击"折弯"按钮,可以折弯标注圆和圆弧的半径。该标注方式与半径标注方法基本相同,单需要指定一个位置代替圆或圆弧的圆心。

10.4.3 直径标注

选择"标注"→"直径"命令(DIMDIAMETER),或在"标注"工具栏中单击"直径标注"按钮,可以标注圆和圆弧的直径。

10.4.4 圆心标记

选择"标注"→"圆心标记"命令(DIMCENTER),或在"标注"工具栏中单击"圆心标记"按钮,即可标注圆和圆弧的圆心。此时只需要选择待标注其圆心的圆弧或圆即可。

10.5 角度标注与其他类型的标注

在 AutoCAD 2008 中,除了前面介绍的几种常用尺寸标注外,还可以使用角度标注及其他类型的标注功能,对图形中的角度、坐标等元素进行标注。相关知识如下:
角度标注;
引线标注;
坐标标注;
快速标注;
标注间距和标注打断。

10.5.1 角度标注

选择"标注"→"角度"命令(DIMANGULAR),或在"标注"工具栏中单击"角度"按钮,都可以测量圆和圆弧的角度、两条直线间的角度,或者三点间的角度,如图10-11所示。执行 DIMANGULAR 命令,此时命令行显示如下提示:
选择圆弧、圆、直线或<指定顶点>:

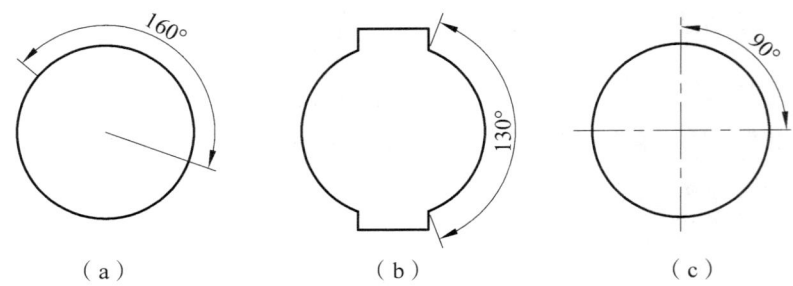

图 10-11 测量圆弧和圆弧的角度

10.5.2 引线标注

选择"标注"→"引线"命令（QLEADER），或在"标注"工具栏中单击"快速引线"按钮，都可以创建引线和注释，而且引线和注释可以有多种格式。

创建多重引线标注；

管理多重引线标注。

10.5.3 坐标标注

选择"标注"→"坐标"命令，或在"标注"工具栏中单击"坐标标注"按钮，都可以标注相对于用户坐标原点的坐标，此时命令行显示如下提示信息。

指定点坐标：

10.5.4 快速标注

选择"标注"→"快速标注"命令，或在"标注"工具栏中单击"快速标注"按钮，都可以快速创建成组的基线、连续、阶梯和坐标标注，快速标注多个圆、圆弧，以及编辑现有标注的布局。

10.5.5 标注间距和标注打断

选择"标注"→"标注间距"命令，或在"标注"工具栏中单击"标注间距"按钮，可以修改已经标注的图形中的标注线的位置间距大小。

选择"标注"→"标注打断"命令，或在"标注"工具栏中单击"标注打断"按钮，可以在标注线和图形之间产生一个隔断。

10.6 形位公差标注

形位公差在机械图形中极为重要。一方面，如果形位公差不能完全控制，装配件就不能正确装配；另一方面，过度吻合的形位公差又会由于额外的制造费用而造成浪费。但在大多数的建筑图形中，形位公差几乎不存在。

形位公差的组成；

标注形位公差。

10.6.1 形位公差的组成

在 AutoCAD 中，可以通过特征控制框来显示形位公差信息，如图形的形状、轮廓、方向、位置和跳动的偏差等，如图 10-12 所示。

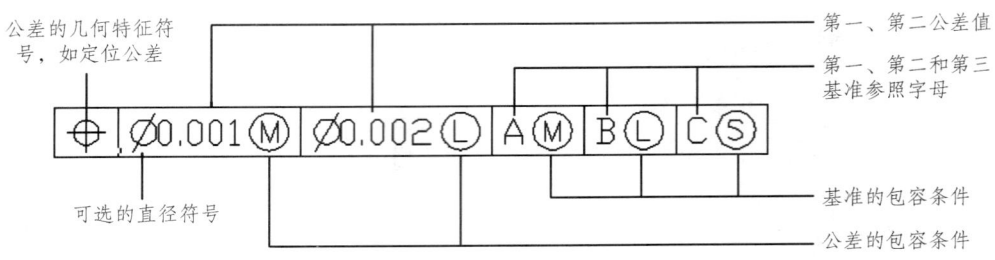

图 10-12　行位公差特性控制框

10.6.2　标注形位公差

选择"标注"→"公差"命令，或在"标注"工具栏中单击"公差"按钮，打开"形位公差"对话框，如图 10-13 所示。在该对话框中可以设置公差的符号、值及基准等参数。

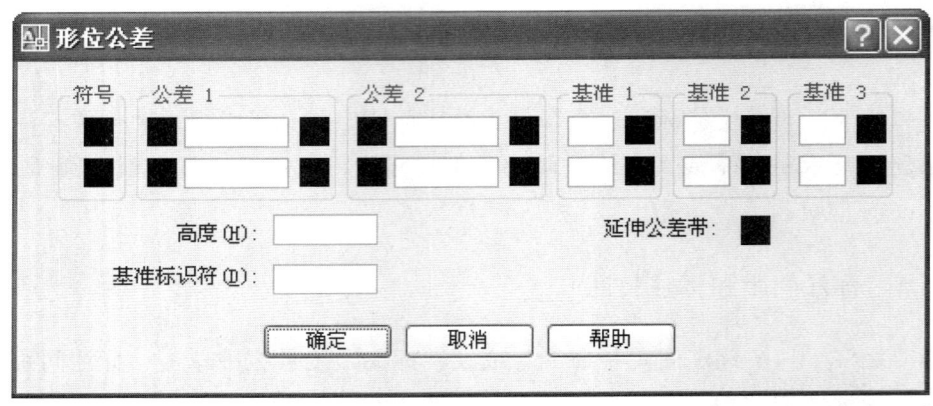

图 10-13　行位公差对话框

10.7　编辑标注对象

在 AutoCAD 2008 中，可以对已标注对象的文字、位置及样式等内容进行修改，而不必删除所标注的尺寸对象再重新进行标注。相关知识如下：

编辑标注；
编辑标注文字的位置；
替代标注；
更新标注；
尺寸关联。

10.7.1　编辑标注

在"标注"工具栏中，单击"编辑标注"按钮，即可编辑已有标注的标注文字内容和放置位置，此时命令行将显示如下提示信息：

输入标注编辑类型 [默认（H）/新建（N）/旋转（R）/倾斜（O）] <默认>：

10.7.2 编辑标注文字的位置

选择"标注"→"对齐文字"子菜单中的命令，或在"标注"工具栏中单击"编辑标注文字"按钮，都可以修改尺寸的文字位置。选择需要修改的尺寸对象后，命令行将显示如下提示信息：

指定标注文字的新位置或[左（L）/右（R）/中心（C）/默认（H）/角度（A）]：

10.7.3 替代标注

选择"标注"→"替代"命令（DIMOVERRIDE），可以临时修改尺寸标注的系统变量设置，并按该设置修改尺寸标注。该操作只对指定的尺寸对象做修改，并且修改后不影响原系统的变量设置。执行该命令时，命令行显示如下提示信息：

输入要替代的标注变量名或 [清除替代（C）]：

10.7.4 更新标注

选择"标注"→"更新"命令，或在"标注"工具栏中单击"标注更新"按钮，都可以更新标注，使其采用当前的标注样式，此时命令行将显示如下提示信息：

输入标注样式选项[保存（S）/恢复（R）/状态（ST）/变量（V）/应用（A）/?] <恢复>：

10.7.5 尺寸关联

尺寸关联是指所标注尺寸与被标注对象有关联关系。如果标注的尺寸值是按自动测量值标注，且尺寸标注是按尺寸关联模式标注的，那么改变被标注对象的大小后相应的标注尺寸也将发生改变，即尺寸界线、尺寸线的位置都将改变到相应新位置，尺寸值也改变成新测量值。反之，改变尺寸界线起始点的位置，尺寸值也会发生相应的变化。

情景十一 使用块、属性块、外部参照和 AutoCAD 设计中心

块也称为图块，是 AutoCAD 图形设计中的一个重要概念。在绘制图形时，如果图形中有大量相同或相似的内容，或者所绘制的图形与已有的图形文件相同，则可以把要重复绘制的图形创建成块（也称为图块），并根据需要为块创建属性，指定块的名称、用途及设计者等信息，在需要时直接插入它们，从而提高绘图效率。

当然，用户也可以把已有的图形文件以参照的形式插入到当前图形中（即外部参照），或是通过 AutoCAD 设计中心浏览、查找、预览、使用和管理 AutoCAD 图形、块、外部参照等不同的资源文件。

11.1 创建与编辑块

块是一个或多个对象组成的对象集合，常用于绘制复杂、重复的图形。一旦一组对象组合成块，就可以根据作图需要将这组对象插入到图中任意指定位置，而且还可以按不同的比例和旋转角度插入。相关知识如下：

块的特点；
创建块；
插入块；
存储块；
设置插入基点；
块与图层的关系。

11.1.1 块的特点

在 AutoCAD 中，使用块可以提高绘图速度、节省存储空间、便于修改图形，并且用还能够为块添加属性。

提高绘图速度；
节省存储空间；
便于修改图形；
可以添加属性。

图 11-1 块定义对话框

11.1.2 创建块

选择"绘图"→"块"→"创建"命令（BLOCK），打开"块定义"对话框，可以将已绘制的对象创建为块，如图 11-1 所示。

11.1.3 插入块

选择"插入"→"块"命令（INSERT），打开"插入"对话框，如图 11-2 所示。用户可以利用它在图形中插入块或其他图形，并且在插入块的同时还可以改变所插入块或图形的比例与旋转角度。

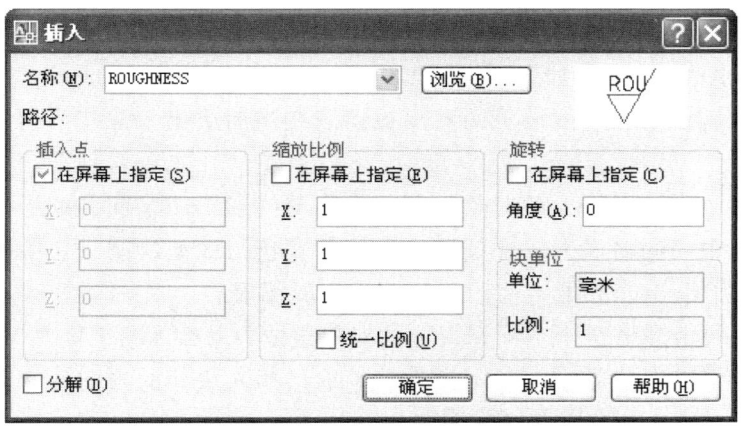

图 11-2 插入对话框

11.1.4 存储块

在 AutoCAD 2008 中，执行 WBLOCK 命令将打开"写块"对话框，可以将块以文件的形式写入磁盘，如图 11-3 所示。

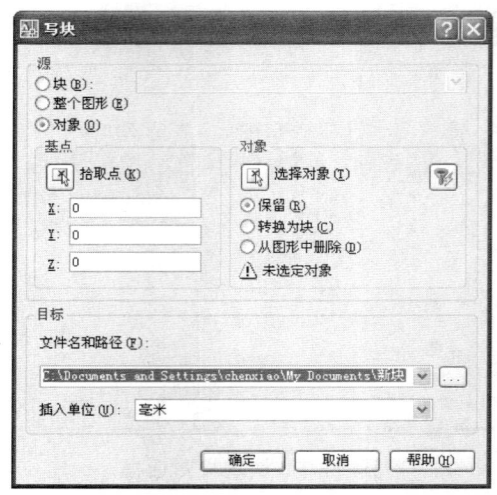

图 11-3 写块对话框

11.1.5 设置插入基点

选择"绘图"→"块"→"基点"命令（BASE），可以设置当前图形的插入基点。

当把某一图形文件作为块插入时，系统默认将该图的坐标原点作为插入点，这样往往会给绘图带来不便。这时，就可以使用 Base 命令为图形文件指定新的插入基点。

执行该命令时，可以直接在"输入基点:"提示下指定作为块插入基点的坐标。

11.1.6 块与图层的关系

块可以由绘制在若干图层上的对象组成，系统可以将图层的信息保留在块中。当插入这样的块时，AutoCAD 有如下约定：

（1）块插入后原来位于图层上的对象被绘制在当前层上，并按当前层的颜色与线型绘出。

（2）对于块中其他图层上的对象，若块中有与图形中图层同名的层，块中该层上的对象仍绘制在图中的同名层上，并按图中该层的颜色与线型绘制。块中其他图层上的对象仍在原来的层上绘出，并给当前图形增加相应的图层。

如果插入的块由多个位于不同图层上的对象组成，那么冻结某一对象所在的图层后，此图层上属于块上的对象就会变得不可见。当冻结插入块后的当前层时，不管块中各对象处于哪一图层，整个块均变得不可见。

11.2 编辑与管理块属性

块属性是附属于块的非图形信息，是块的组成部分，是特定的可包含在块定义中的文字对象。在定义一个块时，属性必须预先定义而后被选定。通常属性用于在块的插入过程中进行自动注释。相关知识如下：

块属性的特点；

创建并使用带有属性的块；

在图形中插入带属性定义的块；

修改属性定义；

编辑块属性；

块属性管理器；

使用 ATTEXT 命令提取属性 。

11.2.1 块属性的特点

在 AutoCAD 中，用户可以在图形绘制完成后（甚至在绘制完成前），使用 ATTEXT 命令将块属性数据从图形中提取出来，并将这些数据写入到一个文件中，这样就可以从图形数据库文件中获取块数据信息了。

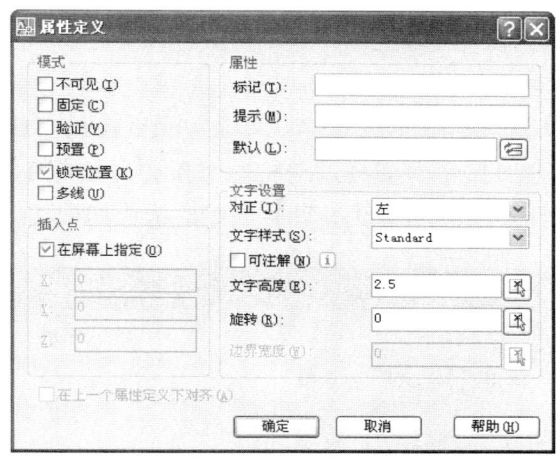

图 11-4　属性定义对话框

11.2.2 创建并使用带有属性的块

选择"绘图"→"块"→"定义属性"命令（ATTDEF），打开"属性定义"对话框，如图 11-4 所示。利用该对话框可以创建块属性。

11.2.3 在图形中插入带属性定义的块

在创建带有附加属性的块时，需要同时选择块属性作为块的成员对象。带有属性的块创建完成后，就可以使用"插入"对话框，在文档中插入该块了。

11.2.4 修改属性定义

选择"修改"→"对象"→"文字"→"编辑"命令（DDEDIT）或双击块属性，打开"增强属性编辑器"对话框。在"属性"选项卡的列表中选择文字属性，然后在下面的"值"文本框中可以编辑块中定义的标记和值属性，如图 11-5 所示。

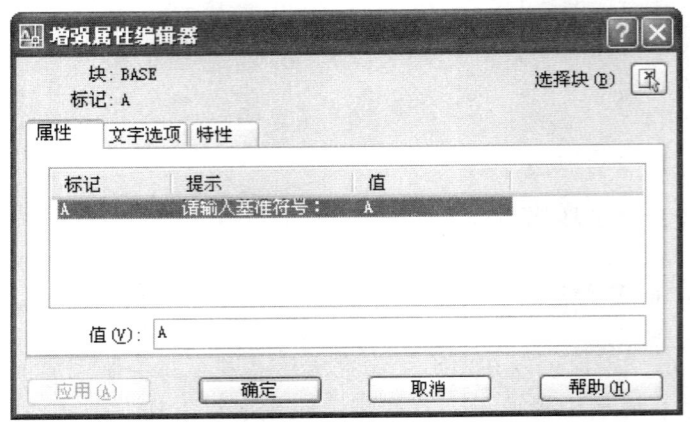

图 11-5　属性选项卡

11.2.5　编辑块属性

选择"修改"→"对象"→"属性"→"单个"命令（EATTEDIT），或在"修改Ⅱ"工具栏中单击"编辑属性"按钮，都可以编辑块对象的属性。在绘图窗口中选择需要编辑的块对象后，系统将打开"增强属性编辑器"对话框，如图 11-6 所示。

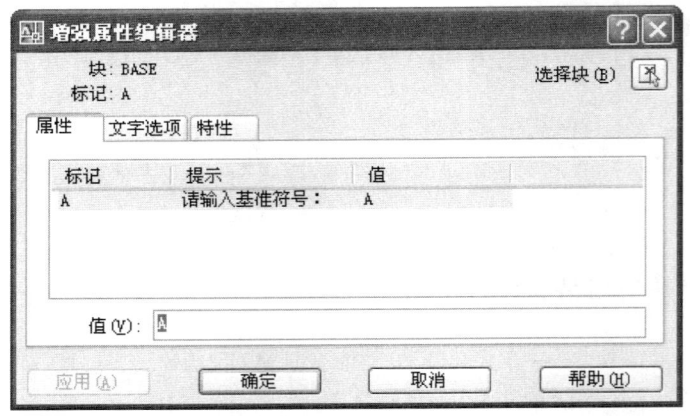

图 11-6　编辑块属性

11.2.6　块属性管理器

选择"修改"→"对象"→"属性"→"块属性管理器"命令（BATTMAN），或在"修改Ⅱ"工具栏中单击"块属性管理器"按钮，都可打开"块属性管理器"对话框，可在其中管理块中的属性，如图 11-7 所示。

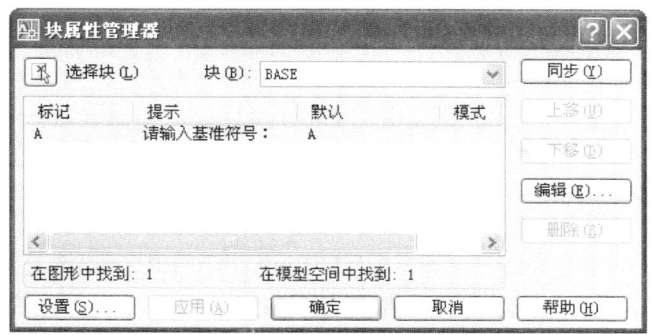

图 11-7 块属性管理器

11.2.7 使用 ATTEXT 命令提取属性

AutoCAD 的块及其属性中含有大量的数据。例如，块的名字、块的插入点坐标、插入比例、各个属性的值等。可以根据需要将这些数据提取出来，并将它们写入到文件中作为数据文件保存起来，以供其他高级语言程序分析使用，也可以传送给数据库。

在命令行输入 ATTEXT 命令，即可提取块属性的数据。此时将打开"属性提取"对话框，如图 11-8 所示。

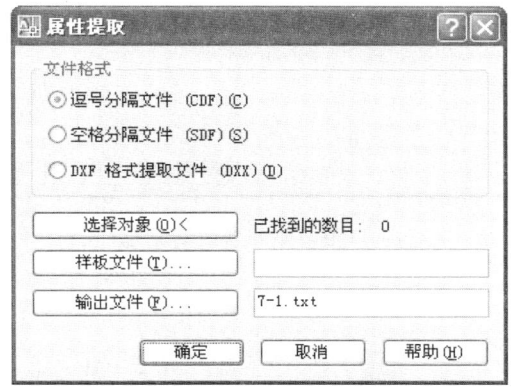

图 11-8 属性提取对话框

11.3 使用外部参照

外部参照与块有相似的地方，但它们的主要区别是：一旦插入了块，该块就永久性地插入到当前图形中，成为当前图形的一部分。而以外部参照方式将图形插入到某一图形（称之为主图形）后，被插入图形文件的信息并不直接加入到主图形中，主图形只是记录参照的关系。例如，参照图形文件的路径等信息。另外，对主图形的操作不会改变外部参照图形文件的内容。当打开具有外部参照的图形时，系统会自动把各外部参照图形文件重新调入内存并在当前图形中显示出来。相关知识如下：

附着外部参照；

插入 DWG、DWF、DGN 参考底图；
管理外部参照；
参照管理器。

11.3.1 附着外部参照

选择"插入"→"外部参照"命令（EXTERNALREFERENCES），将打开"外部参照"选项板，如图 11-9 所示。在选项板上方单击"附着 DWG"按钮或在"参照"工具栏中单击"附着外部参照"按钮，都可以打开"选择参照文件"对话框。选择参照文件后，将打开"外部参照"对话框，利用该对话框可以将图形文件以外部参照的形式插入到当前图形中。

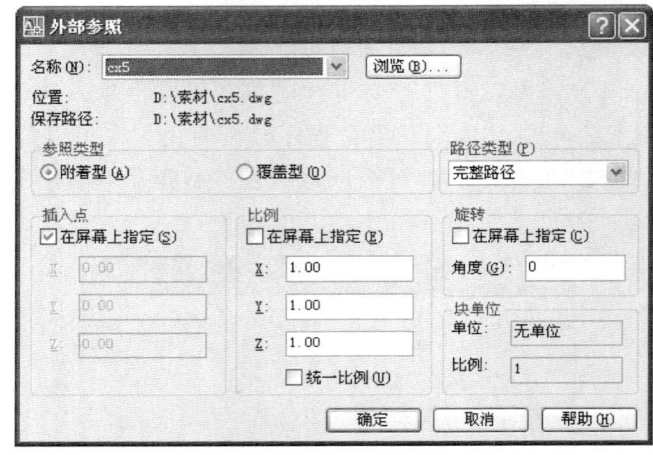

图 11-9 外部参照对话框

11.3.2 插入 DWG、DWF、DGN 参考底图

在 AutoCAD 2008 中新增了插入 DWG、DWF、DGN 参考底图的功能，该类功能和附着外部参照功能相同，用户可以在"插入"菜单中选择相关命令，如图 11-10 所示。

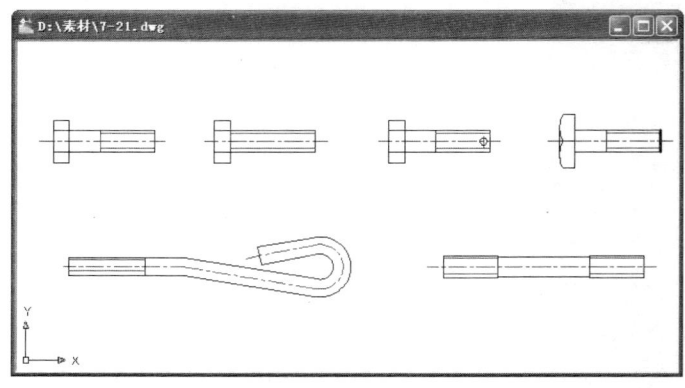

图 11-10 插入参考底图

11.3.3 管理外部参照

在 AutoCAD 2008 中，用户可以在"外部参照"选项板中对外部参照进行编辑和管理。用户单击选项板上方的"附着"按钮，可以添加不同格式的外部参照文件；在选项板下方的外部参照列表框中显示当前图形中各个外部参照文件名称；选择任意一个外部参照文件后，在下方"详细信息"选项区域中显示该外部参照的名称、加载状态、文件大小、参照类型、参照日期及参照文件的存储路径等内容。

11.3.4 参照管理器

Autodesk 参照管理器提供了多种工具，列出了选定图形中的参照文件，可以修改保存的参照路径而不必打开 AutoCAD 中的图形文件。选择"开始"→"程序"→ Autodesk → AutoCAD 2008 →"参照管理器"命令，打开"参照管理器"窗口，可以在其中对参照文件进行处理，也可以设置参照管理器的显示形式，如图 11-11 所示。

图 11-11　参照管理器对话框

11.4 使用 AutoCAD 设计中心

选择"工具"→"设计中心"命令，或在"标准"工具栏中单击"设计中心"按钮，可以打开"设计中心"窗口，如图 11-12 所示。相关知识如下：

AutoCAD 设计中心的功能；

观察图形信息；

在"设计中心"中查找内容；

使用设计中心的图形。

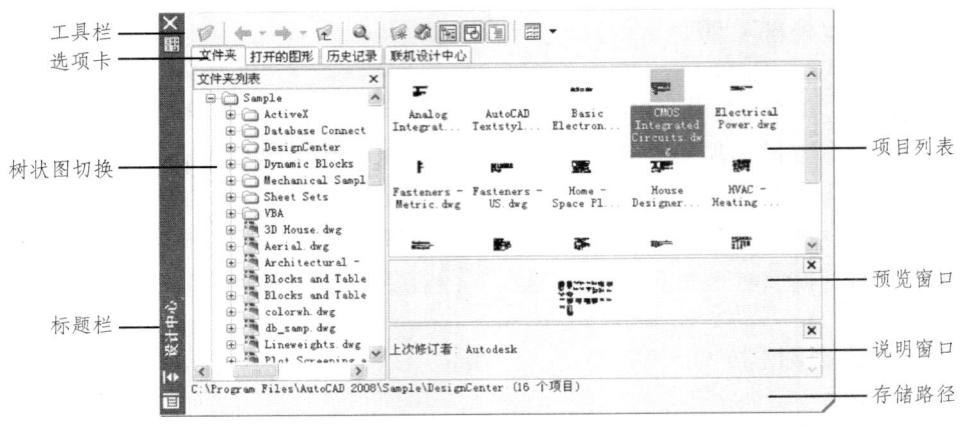

图 11-12 设计中心窗口

11.4.1 AutoCAD 设计中心的功能

在 AutoCAD 2008 中，可以使用 AutoCAD 设计中心完成如下操作。

（1）创建被频繁访问的图形、文件夹和 Web 站点的快捷方式。

（2）根据不同的查询条件在本地计算机和网络上查找图形文件，找到后可以将它们直接加载到绘图区或设计中心。

（3）浏览不同的图形文件，包括当前打开的图形和 Web 站点上的图形库。

（4）查看块、图层和其他图形文件的定义并将这些图形定义插入到当前图形文件中。

（5）通过控制显示方式来控制设计中心控制板的显示效果，还可以在控制板中显示与图形文件相关的描述信息和预览图像。

11.4.2 观察图形信息

在"设计中心"窗口中，可以使用"工具栏"和"选项卡"来选择和观察设计中心中的图形。

11.4.3 在"设计中心"中查找内容

使用 AutoCAD 设计中心的查找功能，可通过"搜索"对话框快速查找诸如图形、块、图层及尺寸样式等图形内容或设置，如图 11-13 所示。

11.4.4 使用设计中心的图形

使用 AutoCAD 设计中心，可以方便地在当前图形中插入块，引用光栅图像及外部参照，在图形之间复制块、复制图层、线型、文字样式、标注样式以及用户定义的内容等。知识点如下：

插入块；

引用外部参照；

在图形中复制图层、线型、文字样式、尺寸样式、布局及块等。

图 11-13 搜索对话框

11.5 查询图形对象信息

在 AutoCAD 2008 中，可以选择"工具"→"查询"菜单中的子命令或使用"查询"工具栏来查询图形对象信息，如图 11-14 所示。

获取面积信息；
显示面域/质量特性；
列表对象信息；
显示当前点坐标值；
查询对象状态；
设置变量。

（a）菜单方式

（b）工具栏方式

图 11-14 查询图形对象信息

11.5.1 获取面积信息

选择"工具"→"查询"→"面积"命令（AREA），或在"查询"工具栏中单击"面积"按钮，可查询图形的面积和周长，如图 11-15 所示。

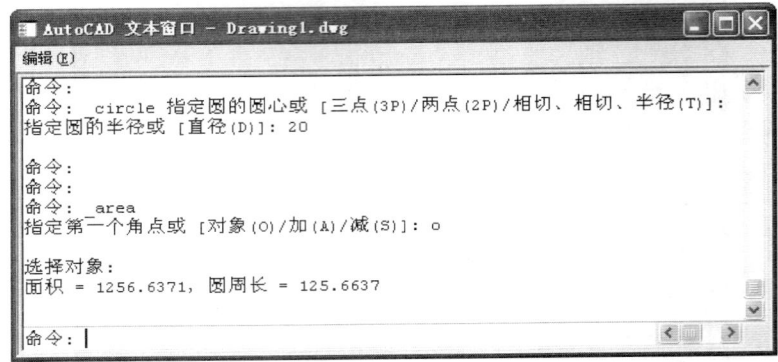

图 11-15　获取面积信息

11.5.2 显示面域/质量特性

在 AutoCAD 中，还可以选择"工具"→"查询"→"面域/质量特性"命令（MASSPROP）来查询图形的面域和质量特性，如图 11-16 所示。

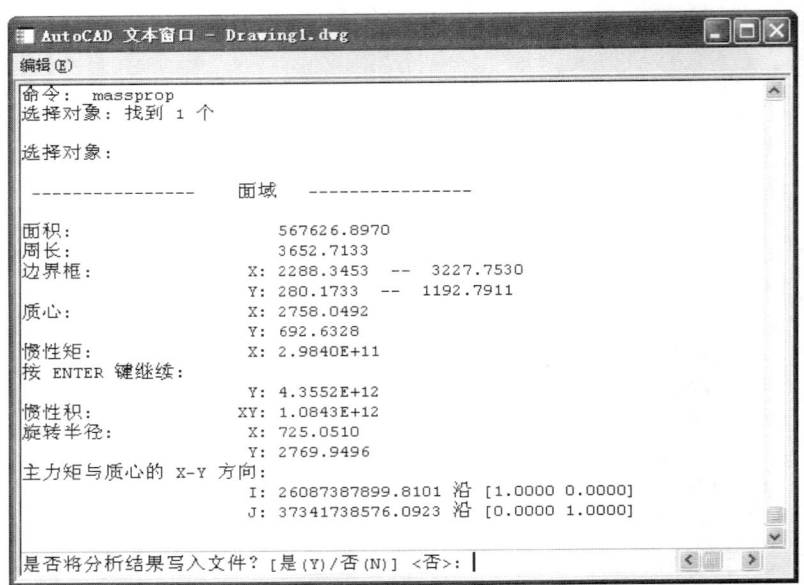

图 11-16　查询图形面域和质量特性

11.5.3 列表对象信息

选择"工具"→"查询"→"列表显示"命令（LIST），可以查询对象的定义类型。

11.5.4 显示当前点坐标值

在 AutoCAD 中，选择"工具"→"查询"→"点坐标"命令（ID），可显示图形中特定点的坐标值，也可通过指定其坐标值可视化定位一个点。ID 命令的功能是，在屏幕上拾取一点，在命令行按 X、Y、Z 形式显示所拾取点的坐标值。这样可使 AutoCAD 在系统变量 LASTPOINT 中保持跟踪在图形中拾取的最后一点。当使用 ID 命令拾取点时，该点保存到系统变量 LASTPOINT 中。在后续命令中，只需输入@即可调用该点。

11.5.5 查询对象状态

要了解对象包含的当前信息，可选择"工具"→"查询"→"状态"命令（STATUS），这时在"AutoCAD 文本窗口"将显示图形状态信息。

11.5.6 设置变量

选择"工具"→"查询"→"设置变量"命令（SETVAR），可以观察和修改 AutoCAD 的系统变量。在 AutoCAD 中，系统变量可实现许多功能。

情景十二　输出 AutoCAD 图形

AutoCAD 2008 提供了图形输入与输出接口。不仅可以将其他应用程序中处理好的数据传送给 AutoCAD，以显示其图形，还可以将在 AutoCAD 中绘制好的图形打印出来，或者把它们的信息传送给其他应用程序。

此外，为适应互联网的快速发展，使用户能够快速有效地共享设计信息，AutoCAD 2008 强化了其 Internet 功能，使其与互联网相关的操作更加方便、高效，可以创建 Web 格式的文件（DWF），以及发布 AutoCAD 图形文件到 Web 页端。

12.1　创建和管理布局

在 AutoCAD 2008 中，可以创建多种布局，每个布局都代表一张单独的打印输出图纸。创建新布局后就可以在布局中创建浮动视口。视口中的各个视图可以使用不同的打印比例，并能够控制视口中图层的可见性。相关知识点如下：

在模型空间与图形空间之间切换；
使用布局向导创建布局；
管理布局；
布局的页面设置。

12.1.1　在模型空间与图形空间之间切换

模型空间是完成绘图和设计工作的工作空间。使用在模型空间中建立的模型可以完成二维或三维物体的造型，并且可以根据需求用多个二维或三维视图来表示物体，同时配有必要的尺寸标注和注释等来完成所需要的全部绘图工作。在模型空间中，用户可以创建多个不重叠的（平铺）视口以展示图形的不同视图，如图 12-1 所示。

12.1.2　使用布局向导创建布局

选择"工具"→"向导"→"创建布局"命令，打开"创建布局"向导，可以指定打印设备、确定相应的图纸尺寸和图形的打印方向、选择布局中使用的标题栏或确定视口设置。

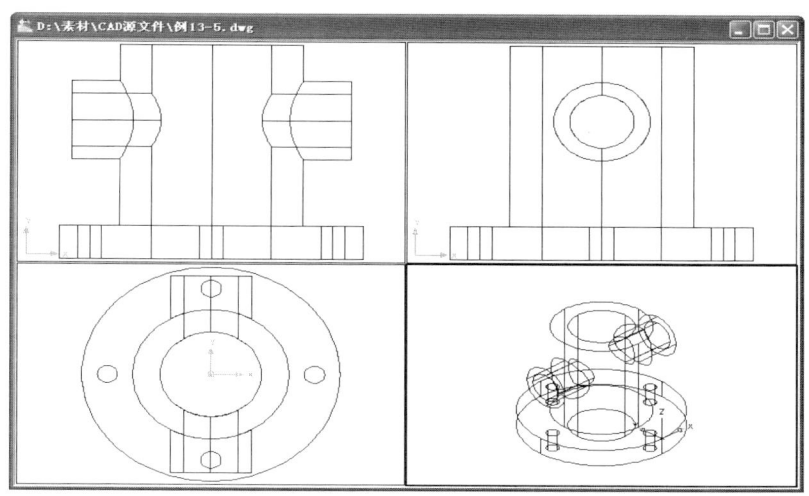

图 12-1 模型空间与图形空间的切换

12.1.3 管理布局

右击"布局"标签，使用弹出的快捷菜单中的命令，可以删除、新建、重命名、移动或复制布局，如图 12-2 所示。

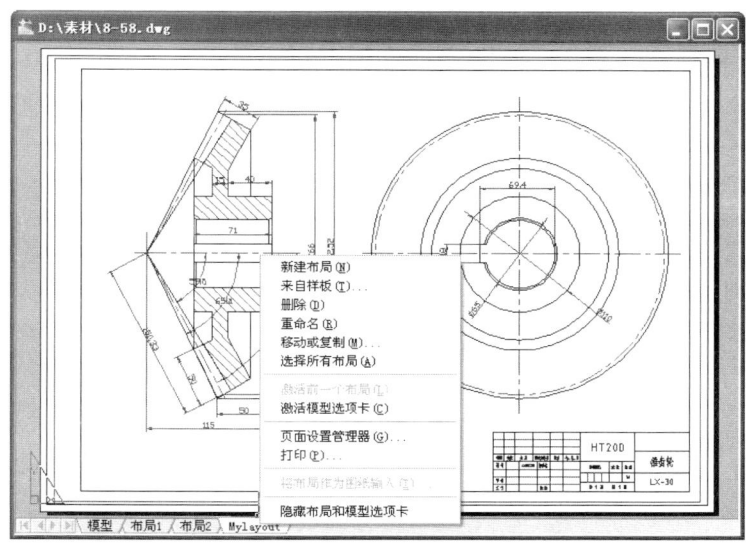

图 12-2 管理布局

12.1.4 布局的页面设置

选择"文件"→"页面设置管理器"命令，打开"页面设置管理器"对话框，如图 12-3 所示。单击"新建"按钮，打开"新建页面设置"对话框，可以在其中创建新的布局，如图 12-4 所示。

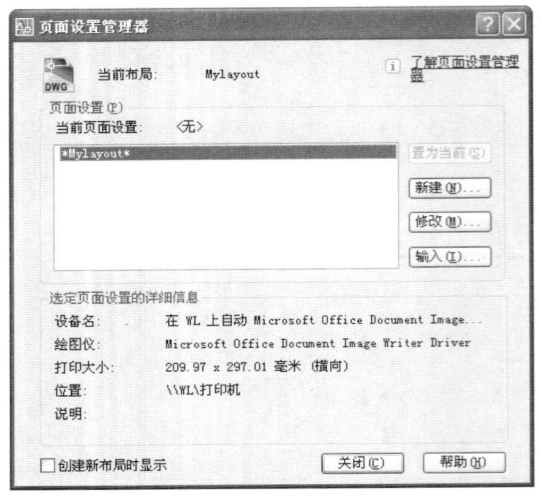
图 12-3　页面设置管理器

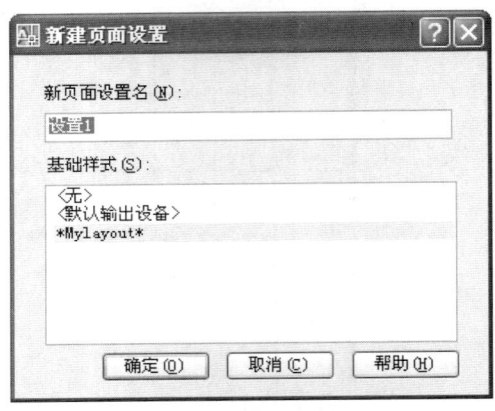
图 12-4　新建页面设置对话框

12.2　使用浮动视口

在构造布局图时，可以将浮动视口视为图纸空间的图形对象，并对其进行移动和调整。浮动视口可以相互重叠或分离。在图纸空间中无法编辑模型空间中的对象，如果要编辑模型，必须激活浮动视口，进入浮动模型空间。激活浮动视口的方法有多种，如可执行 MSPACE 命令、单击状态栏上的"图纸"按钮或双击浮动视口区域中的任意位置。相关知识如下：

删除、新建和调整浮动视口；
相对图纸空间比例缩放视图；
在浮动视口中旋转视图；
创立特殊形状的浮动视口。

12.2.1　删除、新建和调整浮动视口

在布局图中，选择浮动视口边界，然后按 Delete 键即可删除浮动视口。删除浮动视口后，使用"视图"→"视口"→"新建视口"命令，可以创建新的浮动视口，此时需要指定创建浮动视口的数量和区域。

12.2.2　相对图纸空间比例缩放视图

如果布局图中使用了多个浮动视口时，就可以为这些视口中的视图建立相同的缩放比例。这时可选择要修改其缩放比例的浮动视口，在"特性"窗口的"标准比例"下拉列表框中选择某一比例，然后对其他的所有浮动视口执行同样的操作，就可以设置一个相同的比例值，如图 12-5 所示。

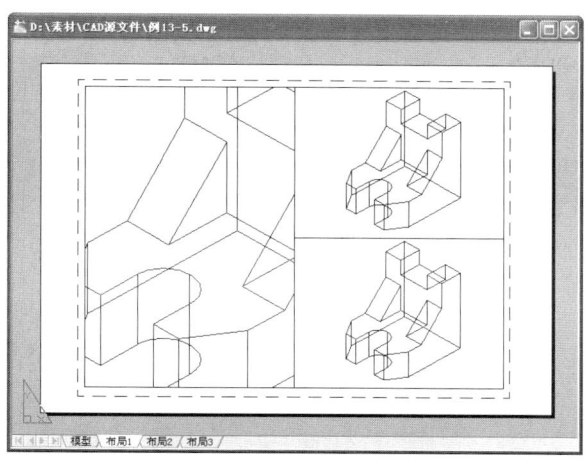

图 12-5　对视图建立相同的缩放比例

12.2.3　在浮动视口中旋转视图

在浮动视口中，执行 MVSETUP 命令可以旋转整个视图。该功能与 ROTATE 命令不同，ROTATE 命令只能旋转单个对象。

12.3.4　创立特殊形状的浮动视口

在删除浮动视口后，可以选择"视图"→"视口"→"多边形视口"命令，创建多边形形状的浮动视口，如图 12-6 所示。

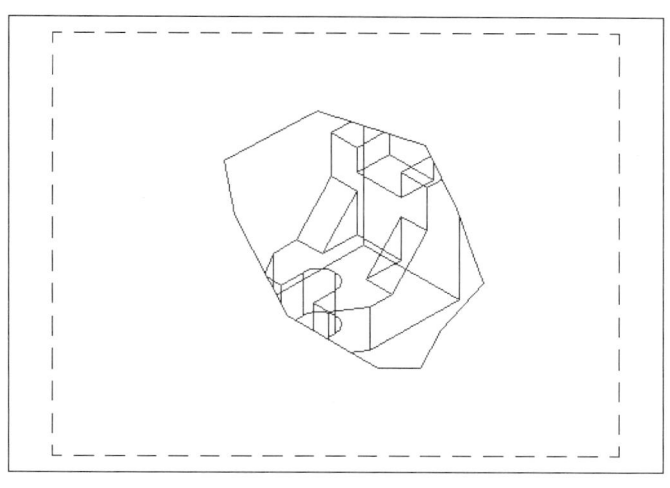

图 12-6　创建多边形形状的浮动视口

12.3　打印图形

创建完图形之后，通常要打印到图纸上，也可以生成一份电子图纸，以便从互联网上进行访问。打印的图形可以包含图形的单一视图，或者更为复杂的视图排列。根据不同的需要，可以打印一个或多个视口，或设置选项以决定打印的内容和图像在图纸上的布置。相关知识如下：

打印预览；

输出图形。

12.3.1 打印预览

在打印输出图形之前可以预览输出结果，以检查设置是否正确。例如，图形是否都在有效输出区域内等，如图 12-7 所示。

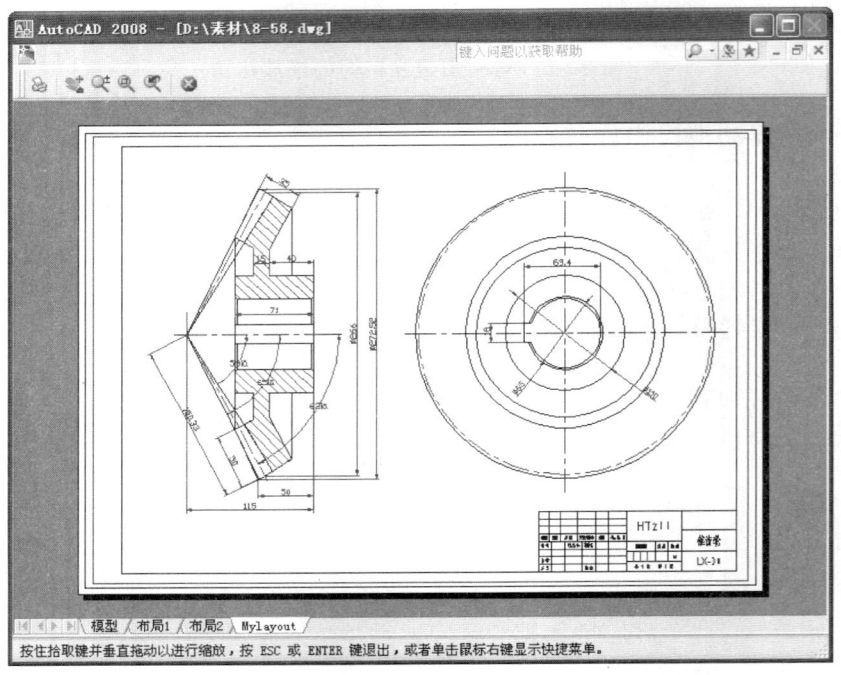

图 12-7　打印预览

12.3.2 输出图形

在 AutoCAD 2006 中，可以使用"打印"对话框打印图形。当在绘图窗口中选择一个布局选项卡后，选择"文件"→"打印"命令打开"打印"对话框，如图 12-8 所示。

12.4 发布 DWF 文件

现在，国际上通常采用 DWF（Drawing Web Format，图形网络格式）图形文件格式。DWF 文件可在任何装有网络浏览器和 Autodesk WHIP! 插件的计算机中打开、查看和输出。

DWF 文件支持图形文件的实时移动和缩放，并支持控制图层、命名视图和嵌入链接显示效果。DWF 文件是矢量压缩格式的文件，可提高图形文件打开和传输的速度，缩短下载时间。以矢量格式保存的 DWF 文件，完整地保留了打印输出属性和超链接信息，并且在进行局部放大时，基本能够保持图形的准确性。相关知识如下：

输出 DWF 文件；

在外部浏览器中浏览 DWF 文件。

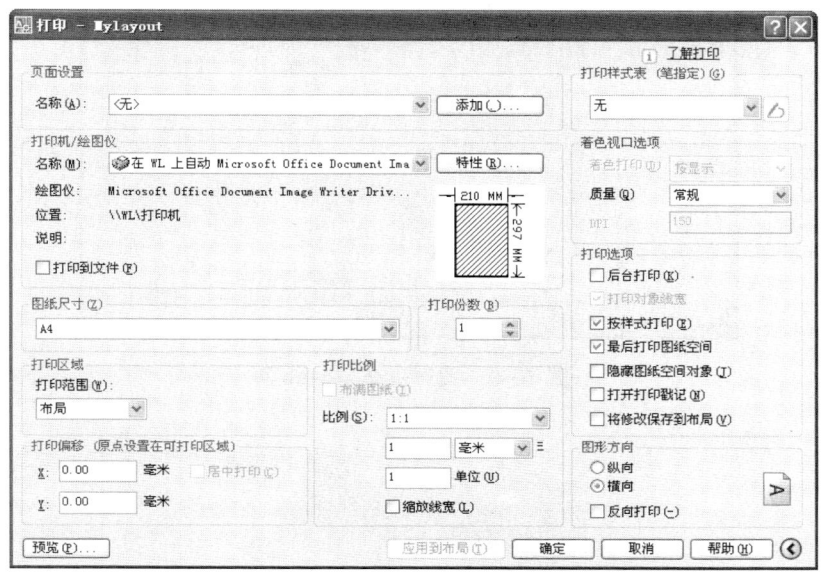

图 12-8 打印对话框

12.4.1 输出 DWF 文件

要输出 DWF 文件，必须先创建 DWF 文件，在这之前还应创建 ePlot 配置文件。使用配置文件 ePlot.pc3 可创建带有白色背景和纸张边界的 DWF 文件。

通过 AutoCAD 的 ePlot 功能，可将电子图形文件发布到 Internet 上，所创建的文件以 Web 图形格式（DWF）保存。用户可在安装了 Internet 浏览器和 Autodesk WHIP! 4.0 插件的任何计算机中打开、查看和打印 DWF 文件。DWF 文件支持实时平移和缩放，可控制图层、命名视图和嵌入超链接的显示。

12.4.2 在外部浏览器中浏览 DWF 文件

如果在计算机系统中安装了 4.0 或以上版本的 WHIP!插件和浏览器，则可在 Internet Explorer 或 Netscape Communicator 浏览器中查看 DWF 文件。如果 DWF 文件包含图层和命名视图，还可在浏览器中控制其显示特征。

12.5 将图形发布到 Web 页

在 AutoCAD 2008 中，选择"文件"→"网上发布"命令，即使不熟悉 HTML 代码，也可以方便、迅速地创建格式化 Web 页，该 Web 页包含有 AutoCAD 图形的 DWF、PNG 或 JPEG 等格式图像。一旦创建了 Web 页，就可以将其发布到 Internet 上，如图 12-9 所示。

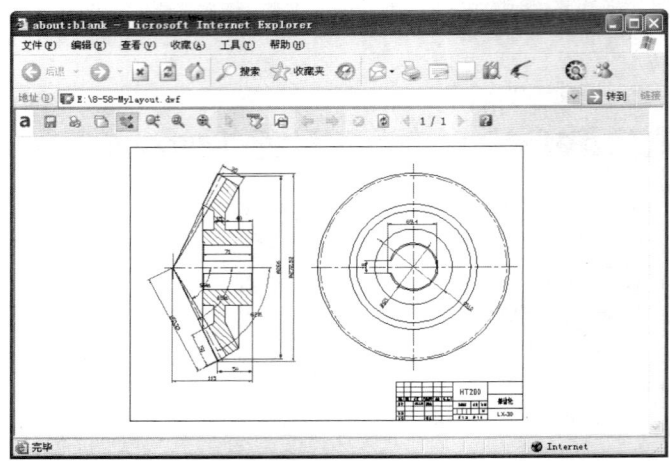

图 12-9　图形发布到 web 页

情景十三 二维图形绘制综合实例

通过前面章节的学习，相信读者已对 AutoCAD 绘图有了全面的了解。但由于各章节知识相对独立，各有侧重，因此看起来比较零散。本章将通过绘制并打印一张完整的零件截面图，介绍使用 AutoCAD 绘制二维工程图的完整过程，以帮助读者建立 AutoCAD 平面绘图的整体概念，并巩固前面所学的知识，提高实际绘图的能力。

13.1 制作样板图

样板图作为一张标准图纸，除了需要绘制图形外，还要求设置图纸大小，绘制图框线和标题栏；而对于图形本身，需要设置图层以绘制图形的不同部分，设置不同的线型和线宽表达不同的含义，设置不同的图线颜色以区分图形的不同部分等。所有这些都是绘制一幅完整图形不可或缺的工作。为方便绘图，提高绘图效率，往往将这些绘制图形的基本作图和通用设置绘制成一张基础图形，进行初步或标准的设置，这种基础图形称为样板图，如图 13-1 所示。相关知识如下：

制作样板图的准则；
设置绘图单位和精度；
设置图形界限；
设置图层；
设置文字样式；
设置尺寸标注样式；
绘制图框线；
绘制标题栏；
保存样板图。

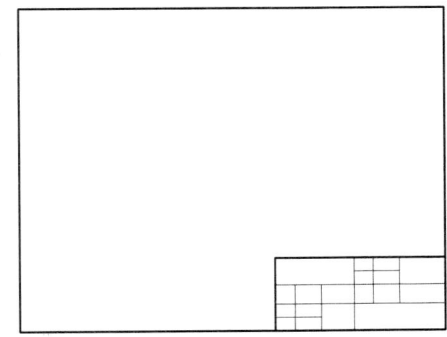

图 13-1 样板图

13.1.1 制作样板图的准则

使用 AutoCAD 绘制零件图的样板图时，必须遵守如下准则。
（1）严格遵守国家标准的有关规定。
（2）使用标准线型。
（3）设置适当图形界限，以便能包含最大操作区。
（4）将捕捉和栅格设置为在操作区操作的尺寸。

（5）按标准的图纸尺寸打印图形。

13.1.2 设置绘图单位和精度

在绘图时，单位制都采用十进制，长度精度为小数点后 0 位，角度精度也为小数点后 0 位。要设置图形单位和精确度，可选择"格式"→"单位"命令，打开"图形单位"对话框，如图 13-2 所示。在该对话框"长度"选项组的"类型"下拉列表框中选择"小数"选项，设置"精度"为 0；在"角度"选项组的"类型"下拉列表框中选择"十进制度数"选项，设置"精度"为 0；系统默认逆时针方向为正。设置完毕后单击"确定"按钮。

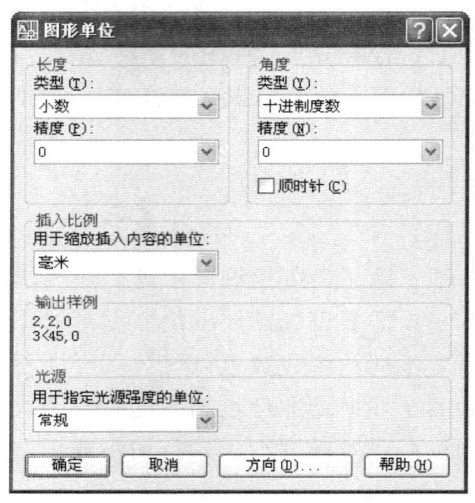

图 13-2 图形单位对话框

13.1.3 设置图形界限

国家标准对图纸的幅面大小作了严格规定，每一种图纸幅面都有唯一的尺寸。在绘制图形时，设计者应根据图形的大小和复杂程度，选择图纸幅面。

13.1.4 设置图层

在绘制图形时，图层是一个重要的辅助工具，可以用来管理图形中的不同对象。创建图层一般包括设置层名、颜色、线型和线宽。图层的多少需要根据所绘制图形的复杂程度来确定，通常对于一些比较简单的图形，只需分别为辅助线、轮廓线、标注等对象建立图层即可。

13.1.5 设置文字样式

选择"格式"→"文字样式"命令，打开"文字样式"对话框，如图 13-3 所示。单击"新建"按钮，创建文字样式如下。

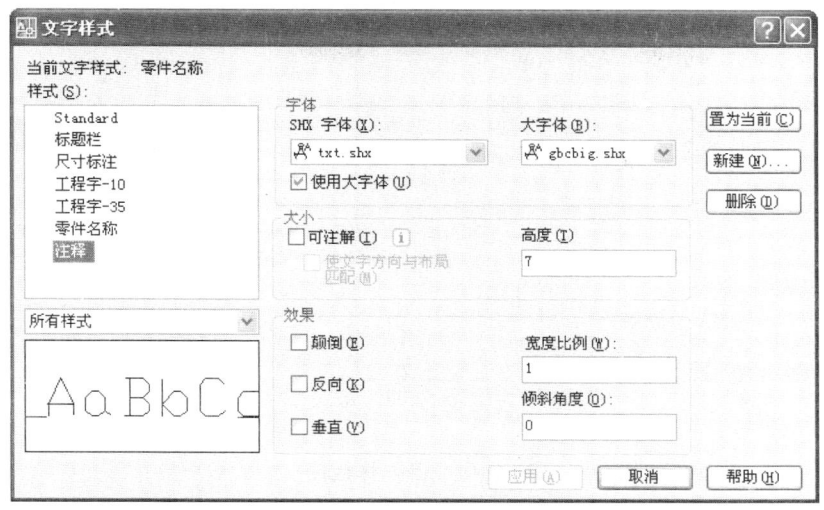

图 13-3 文字样式对话框

13.1.6 设置尺寸标注样式

尺寸标注样式主要用来标注图形中的尺寸，对于不同种类的图形，尺寸标注的要求也不尽相同。通常采用 ISO 标准，并设置标注文字为前面创建的"尺寸标注"。

13.1.7 绘制图框线

在使用 AutoCAD 绘图时，绘图图限不能直观地显示出来，所以在绘图时还需要通过图框来确定绘图的范围，使所有的图形绘制在图框线之内。图框通常要小于图限，到图限边界要留一定的单位，在此可使用"直线"工具绘制图框线。

13.1.8 绘制标题栏

标题栏一般位于图框的右下角，在 AutoCAD 2008 中，可以使用"绘图"→"表格"命令来绘制标题栏。

13.1.9 保存样板图

选择"文件"→"另存为"命令，打开"图形另存为"对话框，在"文件类型"下拉列表框中选择"AutoCAD 图形样板（*.dwt）"选项，在"文件名"文本框中输入文件名 A3，如图 13-4（a）所示。单击"保存"按钮，将打开"样板选项"对话框，在"说明"选项组中输入对样板图形的描述和说明，如图 13-4（b）所示。此时就创建好一个标准的 A3 幅面的样板文件，下面的绘图工作都将在此样板的基础上进行。

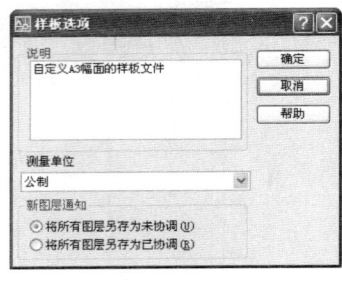

（a） （b）

图 13-4 保存样板图

13.2 绘制零件平面图

表达零件的图样称为零件工作图，简称零件图，如图 13-5 所示。零件图是设计部门提交给生产部门的重要技术条件，是制造、加工和检验零件的依据。相关知识如下：

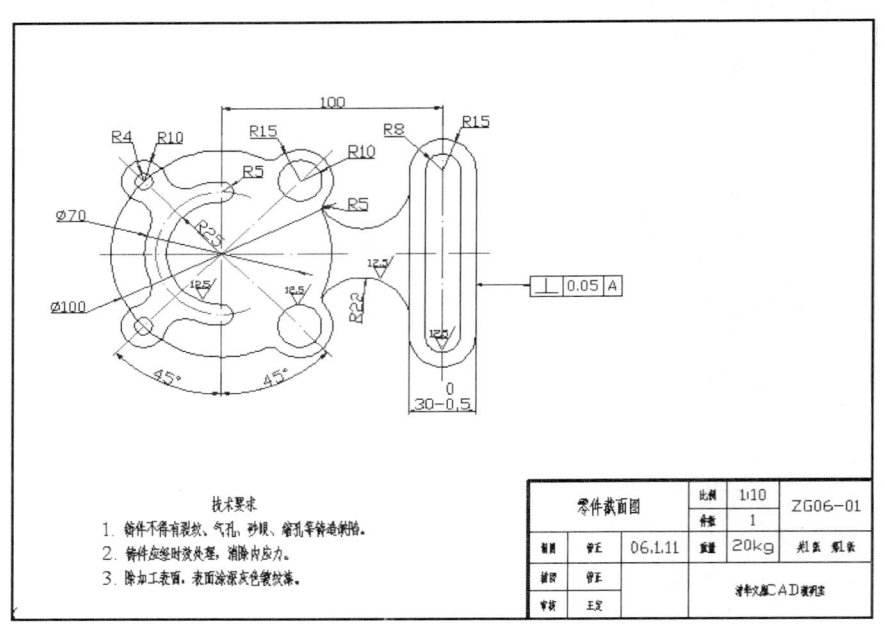

图 13-5 零件工作图

零件图包含的内容；
使用样板文件建立新图；
绘制与编辑图形；
标注图形尺寸；

添加注释文字；
创建标题栏；
打印图形。

13.2.1 零件图包含的内容

零件图主要包含以下主要内容。
（1）一组图形。
（2）尺寸。
（3）技术要求。
（4）标题栏。

13.2.2 使用样板文件建立新图

要使用样板文件建立新图，可选择"文件"→"新建"命令，打开"选择样板"对话框，在文件列表中选择前面创建的样板文件 A3，然后单击"打开"按钮，创建一个新的图形文档。此时绘图窗口中将显示图框和标题栏，并包含了样板图中的所有设置。

13.2.3 绘制与编辑图形

绘制与编辑图形主要使用"绘图"和"修改"菜单中的命令，或"绘图"和"修改"工具栏中的工具按钮。在绘制图形时，不同的对象应绘制在预设的图层上，以便控制图形中各部分的显示。

13.2.4 标注图形尺寸

图形绘制完成后，还需要进行尺寸标注。通常，图纸中的标注包括尺寸标注、公差标注及粗糙度标注等。相关知识如下：
标注基本尺寸；
标注尺寸公差；
标注形位公差；
标注粗糙度。

13.2.5 添加注释文字

在图纸中，文字注释也是必不可少的，通常是关于图纸的一些技术要求和其他相关说明，可以使用多行文字功能创建文字注释。

13.2.6 创建标题栏

将插入点置于标题栏的第一个表格单元中，双击打开"文字格式"工具栏，在"字体"下拉列表框中选择"零件名称",然后输入文字"零件截面图",如图 13-6 所示。

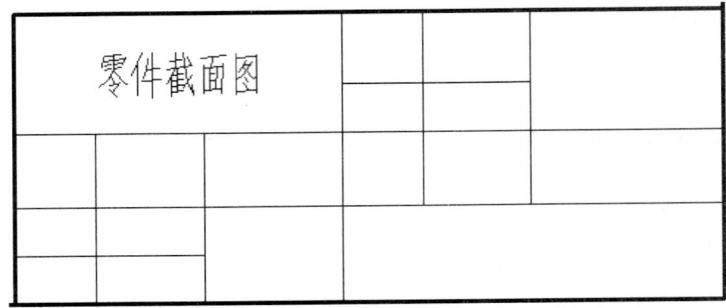

图 13-6　零件截面图

13.2.7　打印图形

在绘制完上述零件截面图后,可以使用 AutoCAD 的打印功能输出该零件截面图。选择"文件"→"打印"命令,打开"打印"对话框,对打印的各个选项进行设置,如图 13-7 所示。

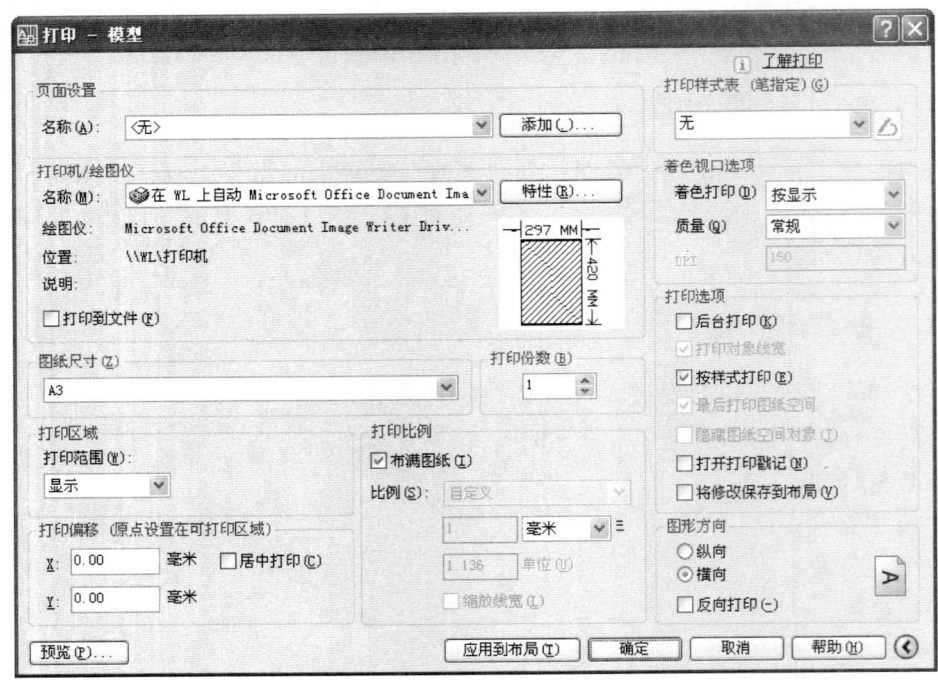

图 13-7　打印对话框

13.3　绘制三视图

三视图是机械制图课程教学中的基本点和关键点,在 AutoCAD 中,可以方便地绘制零件的标准三视图,即零件的主视图、左视图和俯视图,如图 13-8 所示。相关知识如下:

三视图的形成；

三视图之间的关系；

绘制支座零件的三视图。

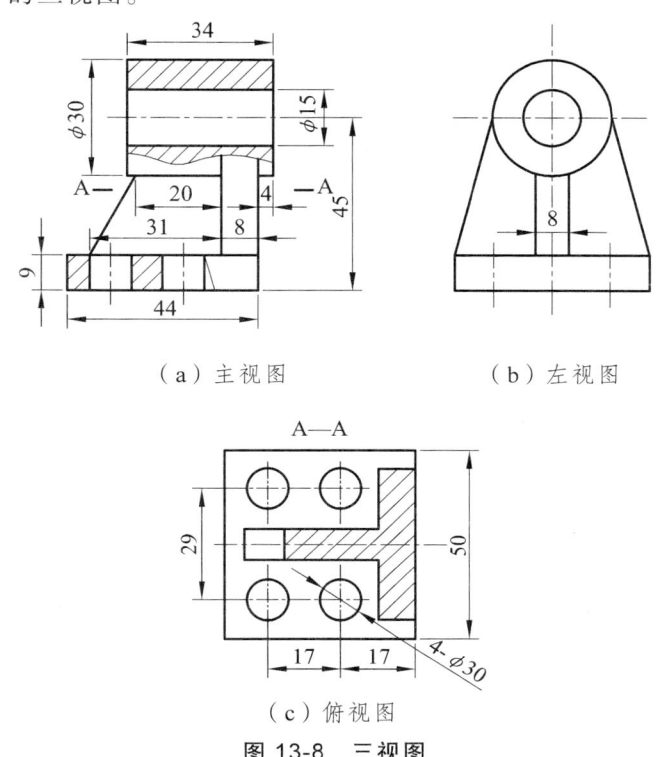

图 13-8　三视图

13.3.1　三视图的形成

三投影面体系是由 3 个相互垂直相交的投影平面组成的。其中，正立投影面简称正立面，用 V 表示；水平投影面简称水平面，用 H 表示；侧立投影面简称侧立面，用 W 表示。3 个投影面两两相交的交线 OX、OY、OZ 称为投影轴，3 个投影轴相互垂直且交于一点 O，称为原点。

将物体置于三投影面体系中，按正投影法分别向 V、H 和 W 3 个投影面进行投影，即可得到物体的相应投影，该投影也称为视图。

13.3.2　三视图之间的关系

三视图之间的位置关系为：以主视图为准，俯视图在主视图的正下方，左视图在主视图的正右方。

13.3.3　绘制支座零件的三视图

了解了三视图的形成和各视图的关系后，试着绘制一个简单的三视图。

情景十四　绘制三维图形

目前，三维图形的绘制广泛应用在工程设计和绘图过程中。使用 AutoCAD 可以通过 3 种方式来创建三维图形，即线架模型方式、曲面模型方式和实体模型方式。线架模型方式为一种轮廓模型，它由三维的直线和曲线组成，没有面和体的特征。曲面模型用面描述三维对象，它不仅定义了三维对象的边界，而且还定义了表面，即具有面的特征。实体模型不仅具有线和面的特征，而且还具有体的特征，各实体对象间可以进行各种布尔运算操作，从而创建复杂的三维实体图形。

14.1　三维绘图基础

在 AutoCAD 中，要创建和观察三维图形，就一定要使用三维坐标系和三维坐标。因此，了解并掌握三维坐标系，树立正确的空间观念，是学习三维图形绘制的基础。相关知识如下：

了解三维绘图的基本术语；
建立用户坐标系；
设立视图观测点；
动态观察；
使用相机；
漫游和飞行；
观察三维图形；
视觉样式。

14.1.1　三维绘图的一些基本术语

三维实体模型需要在三维实体坐标系下进行描述。在三维坐标系下，可以使用直角坐标或极坐标方法来定义点。此外，在绘制三维图形时，还可使用柱坐标和球坐标来定义点。

在创建三维实体模型前，先了解一些基本术语。

（1）XY 平面；
（2）Z 轴；
（3）高度；
（4）厚度；

（5）相机位置；
（6）目标点；
（7）视线；
（8）和 XY 平面的夹角；
（9）XY 平面角度。

14.1.2 建立用户坐标系

前面章节已经详细介绍了平面坐标系的使用方法，其所有变换和使用方法同样适用于三维坐标系。例如，在三维坐标系下，同样可以使用直角坐标或极坐标方法来定义点。此外，在绘制三维图形时，还可使用柱坐标和球坐标来定义点。

柱坐标；
球坐标。

14.1.3 设立视图观测点

视点是指观察图形的方向。例如，绘制正方体时，如果使用平面坐标系即 Z 轴垂直于屏幕，此时仅能看到物体在 XY 平面上的投影。如果调整视点至当前坐标系的左上方，将看到一个三维物体。相关知识如下：

使用"视点预置"对话框设置视点；
使用罗盘确定视点；
使用"三维视图"菜单设置视点。

14.1.4 动态观察

在 AutoCAD 2008 中，选择"视图"→"动态观察"命令中的子命令，可以动态观察视图。

14.1.5 使用相机

在 AutoCAD 2008 中，使用相机功能可以在模型空间放置一台或多台相机来定义 3D 透视图。相关知识如下：

创建相机；
相机预览；
运动路径动画。

14.1.6 漫游和飞行

在 AutoCAD 2008 中，用户可以在漫游或飞行模式下，通过键盘和鼠标可以控制视图显示，或创建导航动画，如图 14-1 所示。

"定位器"选项板；

漫游和飞行设置。

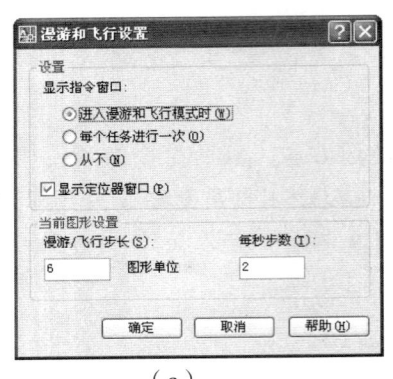
（a）

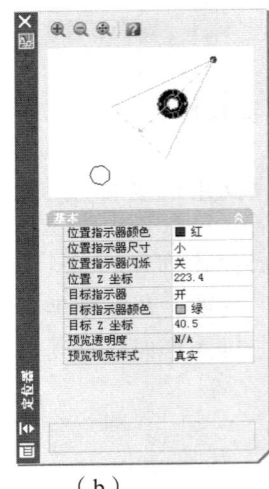
（b）

图 14-1　漫游合计飞行

14.1.7　观察三维图形

在 AutoCAD 中，使用"视图"→"缩放"、"视图"→"平移"子菜单中的命令可以缩放或平移三维图形，以观察图形的整体或局部。其方法与观察平面图形的方法相同。此外，在观测三维图形时，还可以通过旋转及消隐等方法来观察三维图形。相关知识如下：

消隐图形；

改变三维图形的曲面轮廓素线；

以线框形式显示实体轮廓；

改变实体表面的平滑度。

14.1.8　视觉样式

在 AutoCAD 2008 中，可以使用"视图"→"视觉样式"菜单中的子命令或"视觉样式"工具栏来观察对象，如图 14-2 所示。

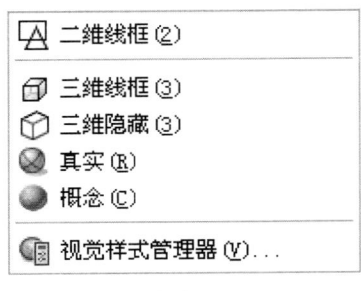
（a）

（b）

图 14-2　视觉样式

14.2 绘制三维点和线

在 AutoCAD 中，用户可以使用点、直线、样条曲线、三维多段线及三维网格等命令绘制简单的三维图形。相关知识如下：

绘制三维点；

绘制三维直线和样条曲线；

绘制三维多段线；

绘制三维螺旋线。

14.2.1 绘制三维点

绘制和编辑三维图形时，不能仅仅靠观察来确定某一点的位置，这样会带来很多误差。在 AutoCAD 中提供了一种精确输入和拾取三维点的方法。

与前面内容中讲述的二维坐标下点的绘制方法一样，用户可以选择"绘图"→"点"命令，或在"绘图"工具栏中单击"点"按钮，然后在命令行中直接输入三维坐标即可。

由于在三维图形对象上的一些特殊点，如交点、中点等不能通过输入坐标的方法来实现，可以采用三维坐标下的目标捕捉法来拾取点。

14.2.2 绘制三维直线和样条曲线

两点决定一条直线。当在三维空间中指定两个点后，如点（0，0，0）和点（1，1，1），这两个点之间的连线即是一条 3D 直线，该直线与当前 UCS 不在同一平面内。

同样，在三维坐标系下，使用"样条曲线"命令，可以绘制复杂 3D 样条曲线，这时定义样条曲线的点不是共面点。

14.2.3 绘制三维多段线

如果要绘制三维多段线，可选择"绘图"→"三维多段线"命令（3DPOLY），此时命令行提示依次输入不同的三维空间的点，而得到一个三维多段线。

14.2.4 绘制三维螺旋线

选择"绘图"→"螺旋"命令，可以绘制三维螺旋线。当分别指定了螺旋线底面的中心点、底面半径（或直径）和顶面半径（或直径）后，命令行显示如下提示。

指定螺旋高度或 [轴端点（A）/圈数（T）/圈高（H）/扭曲（W）] <1.0000>：

14.3 绘制三维网格

在 AutoCAD 中，不仅可以绘制三维曲面，还可以绘制旋转网格、平移网格、直纹网格和边界网格。使用"绘图"→"建模"→"网格"子菜单中的命令绘制这些曲面，如图 14-3 所示。相关知识如下：

绘制平面曲面；

绘制三维面与多边三维面；

绘制三维网格；

绘制旋转网格；

绘制平移网格；

绘制直纹网格；

绘制边界网格。

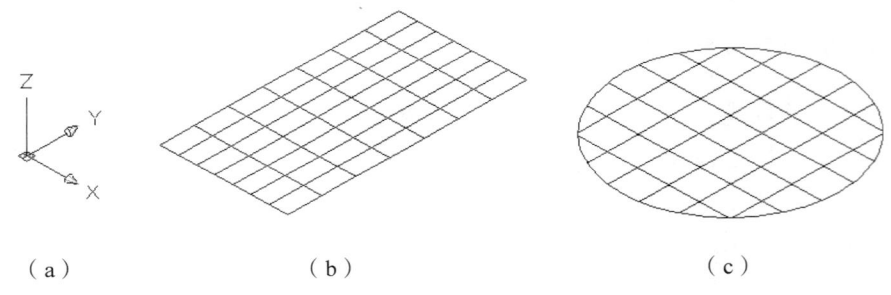

图 14-3　绘制三维网格

14.3.1　绘制平面曲面

在 AutoCAD 2008 中，选择"绘图"→"建模"→"平面曲面"命令（PLANESURF），可以创建平面曲面或将对象转换为平面对象，如图 14-4 所示。

绘制平面曲面时，命令行显示如下提示信息：

指定第一个角点或[对象（O）]＜对象＞:

（a）　　　　　　　（b）　　　　　　　　　　　（c）

图 14-4　绘制平面曲面

14.3.2　绘制三维面与多边三维面

选择"绘图"→"建模"→"网格"→"三维面"命令（3DFACE），可以绘制三维面。三维面是三维空间的表面，它没有厚度，也没有质量属性。由"三维面"命令创建的每个面的各顶点可以有不同的 Z 坐标，但构成各个面的顶点最多不能超过 4 个。如果构成面的 4 个顶点共面，消隐命令认为该面是不透明的，可以消隐；反之，消隐命令对其无效。

14.3.3　绘制三维网格

选择"绘图"→"建模"→"网格"→"三维网格"命令（3DMESH），可以根据指定的 M 行 N 列个顶点和每一顶点的位置生成三维空间多边形网格。M 和 N 的最小值为 2，表明定义多边形网格至少要 4 个点，其最大值为 256。

14.3.4 绘制旋转网格

选择"绘图"→"建模"→"网格"→"旋转网格"命令（REVSURF），可以将曲线绕旋转轴旋转一定的角度，形成旋转曲面。

14.3.5 绘制平移网格

选择"绘图"→"建模"→"网格"→"平移网格"命令（RULESURF），可以将路径曲线沿方向矢量方向平移后构成平移曲面

14.3.6 绘制直纹网格

选择"绘图"→"建模"→"网格"→"直纹网格"命令（RULESURF），可以在两条曲线之间用直线连接从而形成直纹曲面。

14.3.7 绘制边界网格

选择"绘图"→"建模"→"网格"→"边界网格"命令（EDGESURF），可以使用 4 条首尾连接的边创建三维多边形网格。这时可在命令行的"选择用作曲面边界的对象 1："提示信息下选择第一条曲线，在命令行的"选择用作曲面边界的对象 2："提示信息下选择第二条曲线，在命令行的"选择用作曲面边界的对象 3："提示信息下选择第三条曲线，在命令行的"选择用作曲面边界的对象 4："提示信息下选择第四条曲线。

14.4 绘制基本实体

在 AutoCAD 中，使用"绘图"→"建模"子菜单中的命令，或使用"建模"工具栏，可以绘制多实体、长方体、楔体、圆锥体、球体、圆柱体、圆环体及棱锥面等基本实体模型。相关知识如下：

绘制多段体；
绘制长方体与楔体；
绘制圆柱体与圆锥体；
绘制球体与圆环体；
绘制棱锥面。

14.4.1 绘制多段体

在 AutoCAD 2008 中，选择"绘图"→"建模"→"多段体"命令（POLYSOLID），

可以创建多段体或将对象转换为多段体。

绘制多段体时，命令行显示如下提示信息：

指定起点或[对象（O）/高度（H）/宽度（W）/对正（J）] <对象>：

14.4.2 绘制长方体与楔体

选择"绘图"→"建模"→"长方体"命令（BOX），或在"建模"工具栏中单击"长方体"按钮，都可以绘制长方体，此时命令行显示如下提示：

指定第一个角点或 [中心（C）]：

14.4.3 绘制圆柱体与椭圆柱体

选择"绘图"→"建模"→"圆柱体"命令（CYLINDER），或在"建模"工具栏中单击"圆柱体"按钮，可以绘制圆柱体或椭圆柱体，如图14-5所示。

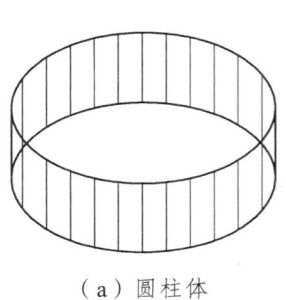

（a）圆柱体　　　　　　　　（b）椭圆柱体

图 14-5　圆柱体与椭圆柱体

14.4.4 绘制球体与圆环体

选择"绘图"→"建模"→"球体"命令（SPHERE），或在"建模"工具栏中单击"球体"按钮，都可以绘制球体。

选择"绘图"→"建模"→"圆环体"命令（TORUS），或在"建模"工具栏中单击"圆环体"按钮，都可以绘制圆环实体。

14.4.5 绘制棱锥面

选择"绘图"→"建模"→"棱锥面"命令（PYRAMID），或在"建模"工具栏中单击"棱锥面"按钮，即可绘制棱锥面。

14.5 通过二维图形创建实体

在AutoCAD中，通过拉伸二维轮廓曲线或者将二维曲线绕指定轴旋转，可以创建出三维实体。相关知识如下：

二维图形拉伸成实体；
将二维图形旋转成实体；
二维图形扫掠成实体；
将二维图形放样成实体；
根据标高和厚度绘制三维图形。

14.5.1 二维图形拉伸成实体

在 AutoCAD 中，选择"绘图"→"实体"→"拉伸"命令（EXTRUDE），可以将 2D 对象沿 Z 轴或某个方向拉伸成实体。拉伸对象被称为断面，可以是任何 2D 封闭多段线、圆、椭圆、封闭样条曲线和面域，且多段线对象的顶点数不能超过 500 个且不小于 3 个。

14.5.2 将二维图形旋转成实体

在 AutoCAD 中，可以使用"绘图"→"建模"→"旋转"命令（REVOLVE），将二维对象绕某一轴旋转生成实体。用于旋转的二维对象可以是封闭多段线、多边形、圆、椭圆、封闭样条曲线、圆环及封闭区域。三维对象、包含在块中的对象、有交叉或自干涉的多段线不能被旋转，而且每次只能旋转一个对象。

14.5.3 二维图形扫掠成实体

在 AutoCAD 2008 中，选择"绘图"→"建模"→"扫掠"命令（SWEEP），可以绘制网格面或三维实体。如果要扫掠的对象不是封闭的图形，那么使用"扫掠"命令后得到的是网格面，否则得到的是三维实体。

使用"扫掠"命令绘制三维实体时，当用户指定了封闭图形作为扫掠对象后，命令行显示如下提示信息。

选择扫掠路径或 [对齐（A）/基点（B）/比例（S）/扭曲（T）]:

14.5.4 将二维图形放样成实体

在 AutoCAD 2008 中，选择"绘图"→"建模"→"放样"命令，可以将二维图形放样成实体。

14.5.5 根据标高和厚度绘制三维图形

在 AutoCAD 中，用户可以为将要绘制的对象设置标高和延伸厚度。一旦设置了标高和延伸厚度，就可以用二维绘图的方法得到三维图形。使用 AutoCAD 绘制二维图形时，绘图面应是当前 UCS 的 XY 面或与其平行的平面。标高就是用来确定这个面的位置参数，它用绘图面与当前 UCS 的 XY 面的距离来表示。厚度则是所绘二维图形沿当前 UCS 的 Z 轴方向延伸的距离。

情景十五　编辑和渲染三维对象

在 AutoCAD 中，可以使用三维编辑命令，在三维空间中移动、复制、镜像、对齐以及阵列三维对象，剖切实体以获取实体的截面，编辑它们的面、边或体。在绘图过程中，为了使实体对象看起来更加清晰，可以消除图形中的隐藏线，但要创建更加逼真的模型图像，就需要对三维实体对象进行渲染处理，增加色泽感。

15.1 三维实体的布尔运算

在 AutoCAD 中，可以对三维基本实体进行并集、差集、交集和干涉 4 种布尔运算，来创建复杂实体。相关知识如下：

对对象求并集；
对对象求差集；
对对象求交集；
对对象求干涉集。

15.1.1 对对象求并集

选择"修改"→"实体编辑"→"并集"命令（UNION），或在"实体编辑"工具栏中单击"并集"按钮，就可以通过组合多个实体生成一个新实体，如图 15-1 所示。该命令主要用于将多个相交或相接触的对象组合在一起。当组合一些不相交的实体时，其显示效果看起来还是多个实体，但实际上却被当作一个对象来处理。在使用该命令时，只需要依次选择待合并的对象即可。

15.1.2 对对象求差集

选择"修改"→"实体编辑"→"差集"命令（SUBTRACT），或在"实体编辑"工具栏中单击"差集"按钮，即可从一些实体中去掉部分实体，从而得到一个新的实体，如图 15-2 所示。

15.1.3 对对象求交集

选择"修改"→"实体编辑"→"交集"命令（INTERSECT），或在"实体编辑"工具栏中单击"交集"按钮,就可以利用各实体的公共部分创建新实体,如图 15-3 所示。

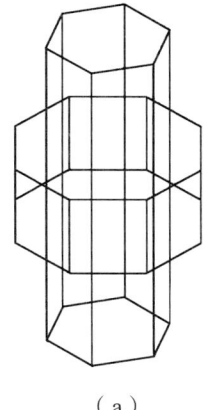 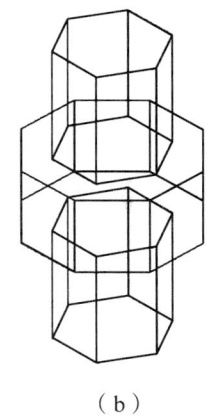 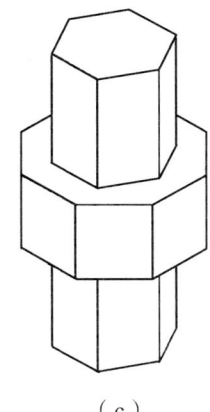

（a） （b） （c）

图 15-1 对对象求并集

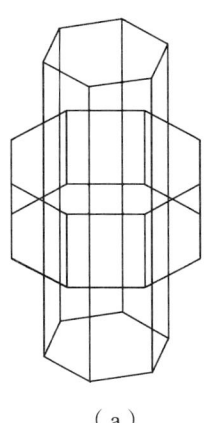 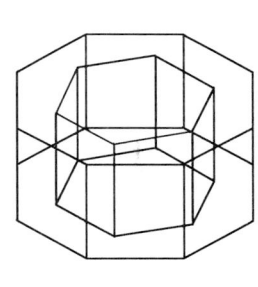 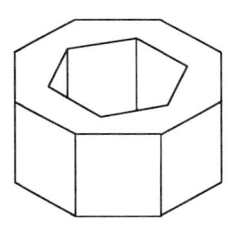

（a） （b） （c）

图 15-2 对对象求差集

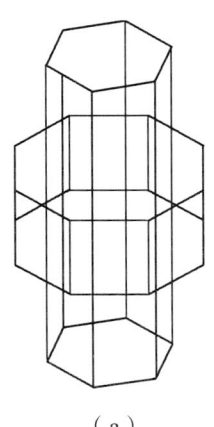 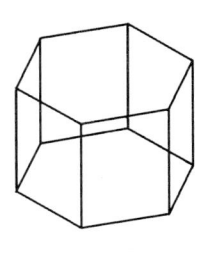 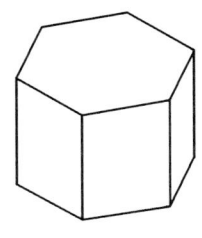

（a） （b） （c）

图 15-3 对对象求交集

15.1.4 对对象求干涉集

选择"修改"→"三维操作"→"干涉检查"命令（INTERFERE），就可以对对象进行干涉运算。把原实体保留下来，并用两个实体的交集生成一个新实体，如图15-4所示。

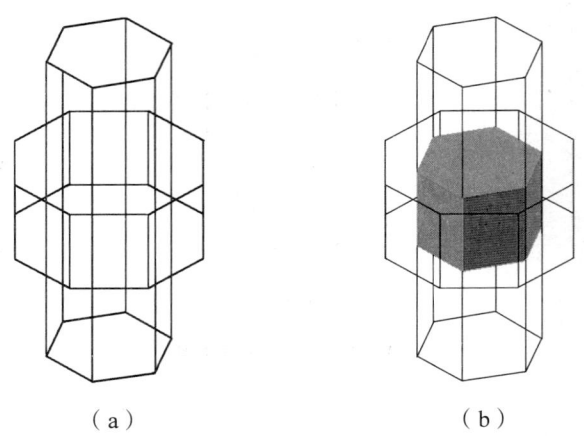

（a） （b）

图 15-4 对对象求干涉集

15.2 编辑三维对象

在 AutoCAD 2008 中，二维图形编辑中的许多命令（如移动、复制、删除等）同样适用于三维图形。另外，用户可以使用"修改"→"三维操作"菜单中的子命令，对三维空间中的对象进行"三维阵列""三维镜像""三维旋转"以及"对齐位置"等操作。相关知识如下：

三维移动；
三维阵列；
三维镜像；
三维旋转；
对齐位置。

15.2.1 三维移动

选择"修改"→"三维操作"→"三维移动"命令（3DMOVE），可以移动三维对象。执行"三维移动"命令时，首先需要指定一个基点，然后指定第二点即可移动三维对象，如图15-5所示。

15.1.2 三维阵列

选择"修改"→"三维操作"→"三维阵列"命令（3DARRAY），可以在三维空间中使用环形阵列或矩形阵列方式复制对象。

矩形阵列；
环形阵列。

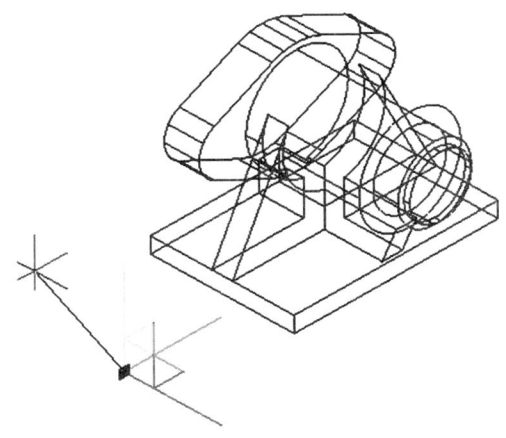

图 15-5　三维移动

15.1.3　三维镜像

选择"修改"→"三维操作"→"三维镜像"命令（MIRROR3D），可以在三维空间中将指定对象相对于某一平面进行镜像。执行该命令并选择需要进行镜像的对象，命令行将显示提示信息，并要求指定镜像面。

15.1.4　三维旋转

选择"修改"→"三维操作"→"三维旋转"命令（ROTATE3D），可以使对象绕三维空间中任意轴（X 轴 Y 轴或 Z 轴）、视图、对象或两点旋转，其方法与三维镜像图形的方法相似。

15.1.5　对齐位置

选择"修改"→"三维操作"→"对齐"命令（ALIGN），可以对齐对象。对齐对象时需要确定 3 对点，每对点都包括一个源点和一个目的点。其中第一对点定义对象的移动，第 2 对点定义二维或三维变换和对象的旋转，第 3 对点定义对象的不明确的三维变换。

15.2　编辑三维实体对象

在 AutoCAD 2006 中，可以对实体进行"分解""圆角""倒角""剖切"及"切割"等编辑操作。相关知识如下：
分解实体；
对实体修倒角和圆角；

剖切实体；
编辑实体面；
编辑实体边；
实体压印、清除、分割、抽壳与检查。

15.2.1 分解实体

选择"修改"→"分解"命令（EXPLODE），可以将实体分解为一系列面域和主体，如图 15-6 所示。其中，实体中的平面被转换为面域，曲面被转化为主体。用户还可以继续使用该命令，将面域和主体分解为组成它们的基本元素，如直线、圆及圆弧等。

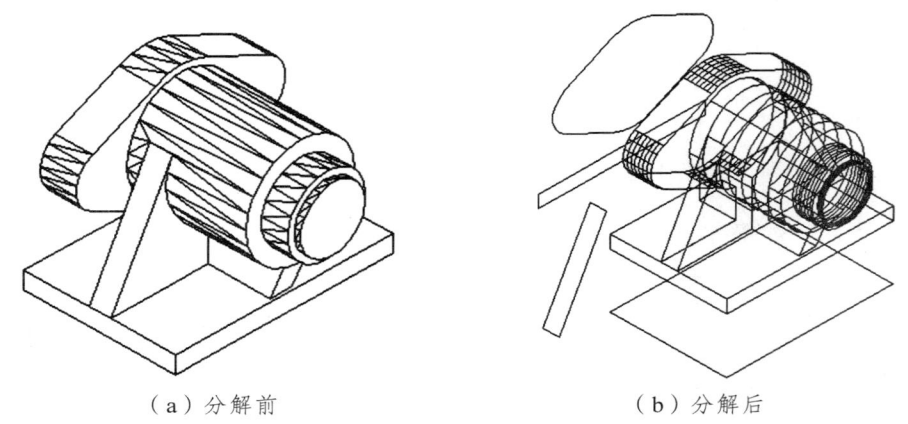

（a）分解前　　　　　　　　　　（b）分解后

图 15-6　分解实体

15.2.2 对实体修倒角和圆角

选择"修改"→"倒角"命令（CHAMFER），可以对实体的棱边修倒角，从而在两相邻曲面间生成一个平坦的过渡面。

选择"修改"→"圆角"命令（FILLET），可以为实体的棱边修圆角，从而在两个相邻面间生成一个圆滑过渡的曲面。在为几条交于同一个点的棱边修圆角时，如果圆角半径相同，则会在该公共点上生成球面的一部分。

15.2.3 剖切实体

选择"修改"→"三维操作"→"剖切"命令（SLICE），或在"实体"工具栏中单击"剖切"按钮，都可以使用平面剖切一组实体。剖切面可以是对象、Z 轴、视图、XY/YZ/ZX 平面或 3 点定义的面。

15.2.4 加厚

选择"修改"→"三维操作"→"加厚"命令（THICKEN），可以为曲面添加厚度，使其成为一个实体。

15.2.5 编辑实体面

在 AutoCAD 中，使用"修改"→"实体编辑"子菜单中的命令，可以对实体面进行拉伸、移动、偏移、删除、旋转、倾斜、着色和复制等操作。

15.2.6 编辑实体边

在 AutoCAD 中，选择"修改"→"实体编辑"→"着色边"命令，或在"实体编辑"工具栏中单击"着色边"按钮，即可着色实体边，其方法与着色实体面的方法相同；选择"修改"→"实体编辑"→"复制边"命令，或在"实体编辑"工具栏中单击"复制边"按钮，可以复制三维实体的边，其方法与复制实体面的方法相同。

15.2.7 实体压印、清除、分割、抽壳与检查

在 AutoCAD 中，还可以使用"修改"→"实体编辑"子菜单中的命令，对实体进行压印、清除、分割、抽壳与检查等操作。

15.3 标注三维对象的尺寸

在 AutoCAD 中，使用"标注"菜单中的命令或"标注"工具栏中的标注工具，不仅可以标注二维对象的尺寸，还可以标注三维对象的尺寸。由于所有的尺寸标注都只能在当前坐标的 XY 平面中进行，因此为了准确标注三维对象中各部分的尺寸，需要不断地变换坐标系。

15.4 渲染对象

使用"视图"→"视觉样式"命令中的子命令为对象应用视觉样式时，并不能执行产生亮显、移动光源或添加光源的操作。要更全面地控制光源，必须使用渲染，可以使用"视图"→"渲染"菜单中的子命令或"渲染"工具栏实现。相关知识如下：
在渲染窗口中快速渲染对象；
设置光源；
设置渲染材质；
设置贴图；
渲染环境；
高级渲染设置。

15.4.1 在渲染窗口中快速渲染对象

在 AutoCAD 2008 中,选择"视图"→"渲染"→"渲染"命令,可以在打开的渲染窗口中快速渲染当前视口中的图形,如图 15-7 所示。

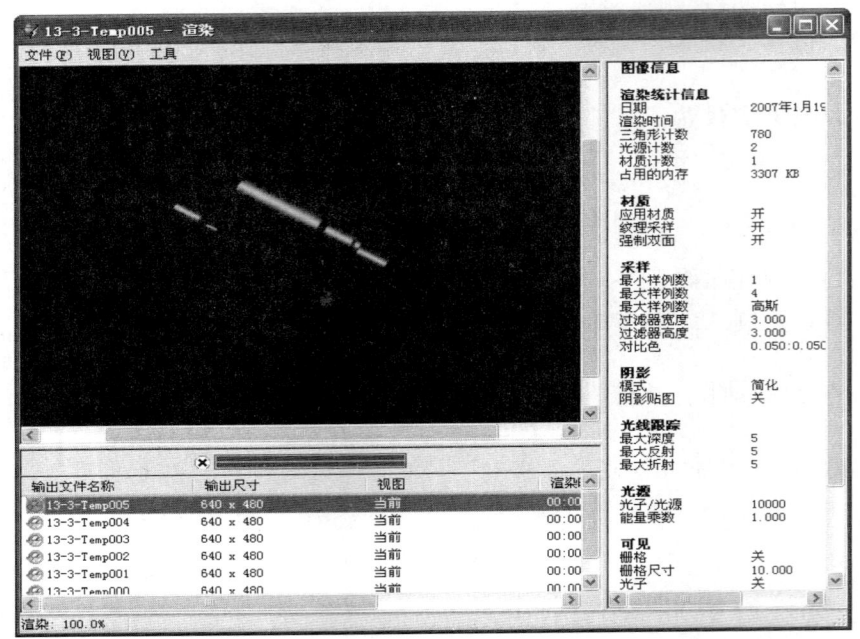

图 15-7 渲染窗口

15.4.2 设置光源

在 AutoCAD 2008 中,选择"视图"→"渲染"→"光源"菜单中的子命令,可以创建和管理光源。相关知识如下:

创建光源;

查看光源列表;

设置地理位置。

15.4.3 设置渲染材质

在渲染对象时,使用材质可以增强模型的真实感。在 AutoCAD 2008 中,选择"视图"→"渲染"→"材质"命令,打开"材质"选项板,可以为对象选择并附加材质。

15.4.4 设置贴图

在渲染图形时,可以将材质映射到对象上,称为贴图。选择"视图"→"渲染"→"贴图"菜单的子命令,可以创建平面贴图、长方体贴图、柱面贴图和球面贴图。

15.4.5 渲染环境

选择"视图"→"渲染"→"渲染环境"命令，可在渲染对象时，对对象进行雾化处理，此时将打开"渲染环境"对话框，如图 15-8 所示。在"启用雾化"下拉列表框中选择"开"选项后，可以利用该对话框来设置使用雾化背景、颜色、雾化的近距离、远距离、近处雾化百分率及远处雾化百分率等雾化格式。

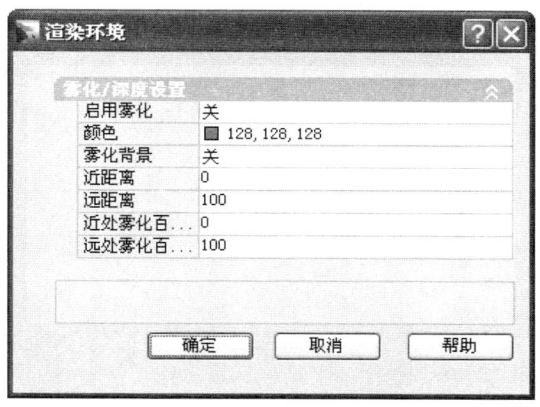

图 15-8　渲染环境对话框

15.4.6 高级渲染设置

在 AutoCAD 2008 中，选择"视图"→"渲染"→"高级渲染设置"命令，打开"高级渲染设置"选项板，可以设置渲染高级选项，如图 15-9 所示。

图 15-9　高级渲染设置对话框

情景十六　三维图形绘制综合实例

本章将通过具体绘制一个简单三维零件造型实例，介绍三维图形的综合绘制方法，包括控制图形的显示效果、标注图形和设置图形的视觉样式。相关知识如下：

设置绘图环境；

绘制与编辑图形；

控制图形的显示效果；

标注图形；

设置图形的视觉样式。

三维图形绘制示例如图 16-1 所示。

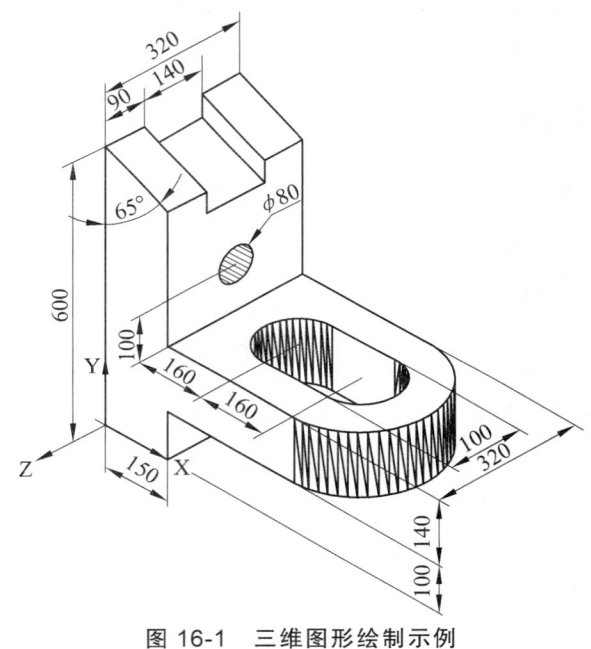

图 16-1　三维图形绘制示例

16.1　绘制简单三维机件造型

16.1.1　设置绘图环境

与绘制二维图形一样，在绘制三维图形前也应设置绘图环境。例如，创建绘制过程中所需要的图层、设置标注样式、绘图单位等，并将其制作为样板图形。

16.1.2 绘制与编辑图形

做好绘图前的准备工作后，就可以绘制图形了。在前面章节中，都是直接在一个三维视口中绘制图形的。其实，在绘制三维图形时，还可将视图分成多个视口，并在每个视口中建立不同的坐标系，设置不同的观测点等，如主视图、俯视图、左视图及等轴测图。当在一个视口中绘制图形时，都可以得到最终图形，因此将这些视口结合起来绘制图形，可以简化绘图过程。

16.1.3 控制图形的显示效果

在 AutoCAD 中绘制三维实体时，图形总是以轮廓模式显示。当图形中包括弯曲面时，曲面上简单的线条并不能完全表现实体的特点；当图形处于消隐状态时，由于曲面上的面数不同，看到的曲面光滑程度也不同。因此，在绘制实体对象时，为了能够更好地观察图形，需要通过 ISOLINES、FACETRES、DISPSILH 等系统变量来控制图形的显示效果。

16.1.4 标注图形

标注尺寸是绘制三维图形中不可缺少的一步。要准确地标注出三维对象的尺寸，必须会灵活地变换坐标系，因为所有的尺寸标注都只能在当前坐标的 XY 平面中进行。

16.1.5 着色与渲染图形

在 AutoCAD 中，用户还可以通过设置视觉样式与渲染三维实体来表现其特征。

16.2 绘制三通模型

三通模型在机械上属于腔体类零件，如图 16-2 所示。主要用于将径直的管道进行分支，从而实现不同接口的管道相连接。在绘制本例图形时，将模型分为方形接头、通孔、圆形接头以及分支接头 4 部分进行绘制。相关知识如下：

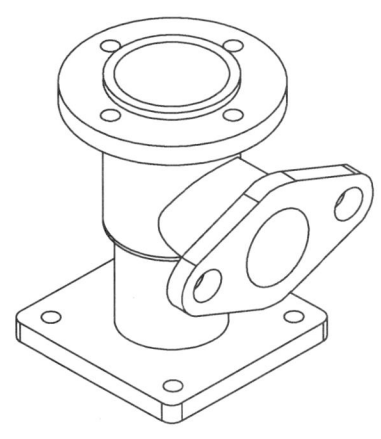

图 16-2　绘制三通模型

绘制方形接头；
绘制通孔；
绘制圆形接头；
绘制分支接头。

16.2.1 绘制方形接头

方形接头是三通模型的重要组成部分之一，可以通过绘制长方体，并对其修圆角使其圆滑，另外绘制圆柱体，然后对整体求差集，得到最后的方形接头。

16.2.2 绘制通孔

绘制通孔，主要使用"圆柱体"命令绘制多个圆柱体，然后使用"并集"命令将圆柱体组合而成。

16.2.3 绘制圆形接头

在绘制圆形接头时，主要用到"圆柱体""阵列"等命令，并对实体进行布尔运算等操作。

16.2.4 绘制分支接头

在该图形中，分支接头是比较难绘制的一部分。在 AutoCAD 中该图形没有直接建立模型的命令，所以要通过绘制平面轮廓，然后将其转化为面域，最后对其进行拉伸处理。

附录一　CAD 使用技巧

1. CTRL+N 无效时解决办法

众所周知 CTRL+N 是新建命令，但有时候 CTRL+N 则出现选择面板，这时只需到 OP 选项里调整设置。

操作：

"OP（选项）"→"系统"→右侧有一个"启动"（A 显示启动对话框 B 不显示启动对话框），选择 A 则新建命令有效，反则无效。

2. CTRL 键无效解决办法

有时我们会碰到这样的问题，比如 CTRL+C（复制）、CTRL+V（粘贴）、CTRL+A（全选）等一系列和 CTRL 键有关的命令都会失效，这时你只需到 OP 选项里调整设置。

操作："OP（选项）"→"用户系统配置"→"WINDOWS 标准加速键"（打上勾），将标准加速键打上勾后，和 CTRL 键位有关的命令则有效，反之失灵。

3. 填充无效时解决办法

有的时候填充时会填充不出来，除了系统变量需要考虑外，还需要去 OP 选项里检查设置。

"OP（选项）"→"显示"→"应用实体填充"（打上勾）

4. 加选无效时解决办法

正确的设置应该是可以连续选择多个物体，但有的时候，连续选择物体会失效，只能选择最后一次所选中的物体。

这时，可以采用如下方法解决（askcad.com）：进入"OP（选项）"→"选择"→"SHIFT 键添加到选择集"（把勾去掉），用 SHIFT 键添加到选择集"去掉勾"后则加选有效，反之加选无效。

命令：PICKADD 值：0/1。

5. CAD 命令三键还原

如果 CAD 里的系统变量被人无意更改或一些参数被人有意调整了怎么办，这时不需重装，也不需要一个一个地修改。

操作："OP 选项"→"配置"→"重置"。

上述操作后即可恢复，但恢复后，有些选项还需要一些调整，例如十字光标的大小等。

6. 鼠标中键不好用怎么办

正常情况下，CAD 的滚轮可用来放大和缩小，还有平移（按住），但有的时候，按住滚轮时,不会出现平移,而是弹出下一个菜单,很烦人,这时只需调下系统变量 mbuttonpan 即可。

初始值:1

支持菜单(.mnu)文件定义的动作,当按住并拖动按钮或滑轮时,支持平移操作。

7. 命令行中的模型,布局不见的解决办法

"OP 选项"→"显示"→"显示布局和模型选项卡"(打上勾即可)。

8. CAD 技巧

众所周知,确定键有两个,一个是"回车",另一个则是"空格",但现在使用右键来代替它们。

"OP（选项）"→"用户系统配置"→绘图区域中使用"快捷菜单"(打上勾)→"自定义右键",单击进去后把所有的重复上一个命令打上勾,之后确认,右键是否有效。注:希望读者能养成右键来确定这个习惯,其次是空格键,最好不要用回车键确定。

9. 图形里的圆不圆了怎么办

经常作图的人都会有这样的体会,所画的圆都不圆了,当然,学过素描的人都知道,圆是由很多折线组合而成。

这里只需一个命令 RE~即可。

10. 图形窗口中显示滚动条

也许有人还用无滚轮的鼠标,那么这时滚动条也许还有点作用(如果平移不太会用):

"OP（选项）"→"显示"→"图形窗口中显示滚动条"即可。

11. 保存的格式

有以下操作"OP"→"打开和保存"→"另存为 2000 格式"。为什么要存 2000 格式呢,因为 CAD 版本只向下兼容,用 2002,2004,2006 版本都可以打开了,方便操作。

12. 如何保存打印列表

"OP 选项"→"打印"→"添加打印列表"。但在这之前,你得自己建立一个属于自己的列表。

13. 如果在标题栏显示路径不全怎么办

"OP（选项）"→"打开和保存"→"在标题栏中显示完整路径"(勾选)即可 。

14. 目标捕捉(OSNAP)有用吗

用处是很大的。尤其是绘制精度要求较高的机械图样时,目标捕捉是精确定点的最佳工具。软件开发商对此也是非常重视,每次版本的升级,目标捕捉的功能都有很大提高。切忌用光标线直接定点,这样的点不可能很准确。

15. 为什么绘制的剖面线或尺寸标注线不是连续线型

AutoCAD 绘制的剖面线、尺寸标注都可以具有线型属性。如果当前的线型不是连续线型,那么绘制的剖面线和尺寸标注就不会是连续线。

16. 如何减少文件大小

在图形完稿后,执行清理(PURGE)命令,清理掉多余的数据,如无用的块,没有实体的图层,未用的线型、字体、尺寸样式等,可以有效减少文件大小。一般彻底清理

需要 PURGE 2~3 次。

  补充：方法是用 WBLOCK 命令。

把需要传送的图形用 WBLOCK 命令以块的方式产生新的图形文件，把新生成的图形文件作为传送或存档用。目前为止，这是笔者发现的最有效的"减肥"方法。示例如下：

  （1）命令：wblock。

  注：在弹出的对话框中输入文件名及文件存放位置，由于非常简单，故在此省略对话框图形。

  （2）定义的名字（直接回车）。

  （3）给一个基点（任选一点）。

  （4）选择物体（选择完毕后回车）。

这样就在指定的文件夹中生成了一个新的图形文件。笔者对 DWG 文件用两种方法精简并对比效果发现，精简后的文件大小相差几乎在 5 K 以内！

  17. 如何将自动保存的图形复原

AutoCAD 将自动保存的图形存放到"AUTO.SV$"或"AUTO?.SV$"文件中，找到该文件将其改为图形文件即可在 AutoCAD 中打开。一般该文件存放在 WINDOWS 的临时目录，如 C：\WINDOWS\TEMP。

  默认状态下"*.sv$"文件的存放位置：win9x：一般该文件存放在 WINDOWS 的临时目录，如 C：\WINDOWS\TEMP；winnt/2000/xp：：x8 [（E4 O1 E9_）。

  临时目录路径查询："开始菜单"->"运行"，输入%temp%（有可能%tmp%也行），确定。

  18. 为什么不能显示汉字，或输入的汉字变成了问号

  原因可能是：

  （1）对应的字型没有使用汉字字体，如 HZTXT.SHX 等；

  （2）当前系统中没有汉字字体形文件；应将所用到的形文件复制到 AutoCAD 的字体目录中（一般为...\FONTS\）；

  （3）对于某些符号，如希腊字母等，同样必须使用对应的字体形文件，否则会显示成"？"号。

如果找不到错误的字体是什么（或者你眼神不太好，性子有点急），那么你需重新设置正确字体及大小，重新写一个，然后用小刷子点新输入的字体去刷错误的字体即可。注：系统有一些自带的字体，但有的时候由于错误操作，或其他一些外界因素而导致汉字字体丢失，这样会给你带来很大的不便，这时需从其他的电脑中拷一些字体过来。

  19. 为什么输入的文字高度无法改变

使用字型的高度值不为 0 时，用 DTEXT 命令书写文本时都不提示输入高度，这样写出来的文本高度是不变的，包括使用该字型进行的尺寸标注。

  20. 为什么有些图形能显示，却打印不出来

如果图形绘制在 AutoCAD 自动产生的图层（DEFPOINTS、ASHADE 等）上，就会出现这种情况，应避免在这些层绘制图形。

21. DWG 文件破坏怎么办

"文件"→"绘图实用程序"→"修复"，选中你要修复的文件。有人也会用 RECOVER 命令。如果你有设自动保存，在某些情况下，比如停电后，电脑有 UPS 的情况，还要作图的话，建议马上手动备份后再作图。不然有时候正在自动保存时，一下没电了，就不能修复了。

22. 如果你想修改块怎么办

许多初学者都以为修改不了块，就将分解开，然后改完再合并重定义成块。修改块命令为 REFEDIT，按提示，修改好后用命令 REFCLOSE 确定保存，原先的块便按改后随之保存。

23. 简说两种打印方法

打印有两种：一种是模型空间打印；另一种则是布局空间打印。平常所说的一个框一个框的打印则是模型空间打印，这需要对每一个独立的图形进行插入图框，然后根据图的大小缩放图框，例如：平面图，平面布置图，天棚图，地板图，剖面图。如果采用布局打印则可实现批量打印，不需插件。步骤如下：

（1）切换到布局，进行页面设置（纸张大小，或四周的边距等）

（2）删掉原图。

（3）插入 1∶1 的图框（确定是否存在图框）。

（4）视图视口，拖出原来的图

（5）定义比例（针对图形）（命令：Z 空格 S 空格 4\.N），这时需用 MS 或 PS 命令进行框内与框外的切换。

（6）Z 空 S 空，如果给的比例为 1/180，那么这个图的比例就为 1/1，以上就是对一个图进行了打印，设该图为接下来所有的图进行操作，右键点击布局，选择移动或复制，这时会出现一个对话框，把"副本"勾选，然后移到结尾。当然，这跟打图的排列顺序有关，可以自定义。这时又出现了一个副本，也就是 X 图形的副本，用 MS 命令切换到框内，用 P 平移命令，找到第二个想打印的图形，然后进行比例缩放，如果图形都一样，比如 X 图为平面，这个图为天棚，这个比例就不用重新调了，因为两者都是一样的大小。

（7）PS 命令切换到框外。

Z 空格 E 空格，最大化，感觉一下图形是否合适如不合适，再进行调整。

（8）接下来两种方法的操作都一样，就是复制副本，注：需把所有的图都画在一个模型空间里，这样才可实现批量打印。

24. 画矩形或圆时没有了外面的虚框怎么办

系统变量 dragmode ON 勾选即可解决。

25. 画完椭圆之后，椭圆是以多义线显示怎么办

椭圆命令生成的椭圆是以多义线还是以椭圆为实体是由系统变量 PELLIPSE 决定，当其为 1 时，生成的椭圆是 PLINE；为 0 时，显示的是实体。

26. 镜像过来的字体保持不旋转怎么办

值为 0 时，可保持镜像过来的字体不旋转；为 1 时，进行旋转。

27. 平方怎么打出来

键入 1T 文字命令，输入数字 35；

在 2 前面输入 SHIFT+6，然后按 B/A 键，此方法为下标；

在 2 后面输入 SHIFT+6，然后按 B/A 键，此方法为上标（即平方）。

28. 特殊符号的输入

我们知道表示直径的"Φ"、表示地平面的"±"、标注度符号"°"都可以用控制码 %%C、%%P、%%D 来输入，可是在 CAD 里咋输入啊。

键入 T 文字命令，拖出一个文本框。

在对话框中右键→"符号"，会出现一些选项。

29. 打印出来的字体是空心的怎么办

在命令行输入 TEXTFILL 命令，值为 0 则字体为空心。值为 1 则字体为实心的。

30. 关掉这个层后，却还能看到这个层的某些物体的原因

举个例子，"直线"，操作步骤如下：

（1）画两组，每组两条直线（共四条）；（2）左边这组直线为 CAD 默认颜色，右边这组直线为自定义颜色（B），红、黄、蓝以及任何颜色均可（需要说明的是，为此组线条建立一个新层）；（3）分别为两组线条写入块（W）命令，注意：虽然都成为块，但 A 组线条是无图层的块，而 B 组线条是带图层定义的块；（4）定义块结后，记住所保存的位置，以便插入；（5）分别将两组图块插入到图纸界面，建立两个新层，然后将两组线条分别放到两个新建层当中，分别进行块冻结，A 项线条可以被冻结，B 项线条不可以被冻结。因为平时所插入的块，大部分都是从别的地方拷过来的，而且也有大部分的图块都是分层建立，所以不能进行整体关闭。

问题的关键在于所用的块本身是在不同的图层上作出来的。因此当在对某一图层作"关闭""冻结"等操作时图形上似乎显示出命令无效。解决问题的办法是找到这个图块的原始文件，打开该图，并将其改为都在同一图层上，再将原始图块文件另改名存放。重新打开图形，插入新改好的图块，放在某一空白处，然后就用这个新图块，全面替换原图块。这时候才可以用"清理全图"（Purge）命令。这样一来就可以一劳永逸地解决问题了。

如果无法找到原文件，则在此还有一个办法：将图中被怀疑的块拷贝一个，放在图中某一空白处，这里假定称作'新样'，然后就将这个'新样'中所有实体全部改为某一图层，再把这个'新样'作为块，另外命名，再用"新样"图块做一次全局替换。这样就保证了图中没有了旧的图块，这时才可以用 Purge 命令。

注：做块的时候只能在一个层上做（最好是 0 层），可以用不同的颜色。

31. 消除点标记

在 AutoCAD 中有时有交叉点标记会在鼠标点击处产生，用 BLIPMODE 命令，并在提示行下输入 OFF 即可消除它。

32. 错误文件的恢复

有时辛苦几天绘制的 CAD 图会因为停电或其他原因导致突然打不开了，而且没有备份文件，这时可以试试下面的方法恢复：

（1）在"文件（File）"菜单中选择"绘图实用程序/修复（Drawing Utilities/Recover）"项，在弹出的"选择文件（Select File）"对话框中选择要恢复的文件后确认，系统开始执行恢复文件操作；

（2）如果用"Recover"命令不能修复文件，则可以新建一个图形文件，然后把旧图用图块的形式插入在新图形中；

（3）如果有问题的图形文件是 R14 或 R2000 格式，也可在 R2007 或 R2008 下试一试上面的恢复操作；在 AutoCAD2007 或 2008 中打开后另存为 2007 或 2008 的文件，然后重新打开文件，并选择采用局部打开方式，打开几个图层另存为一个文件，再打开剩下的图层，再另存为第二个文件，最后把两个文件复制重合在一起就会得到复原图了；如果在打开 CAD 图到某一百分数（如 30%）时就停住没反映了，这说明图纸不一定被损坏，把电脑内的非 AutoCAD 提供的矢量字体文件删除（移到别的地方）后再试试（保留 2~3 个也可以），说不定文件就能正常打开了。

33. 三维坐标的显示

在三维视图中用动态观察器变动了坐标显示的方向后，可以在命令行键入"-view"命令，然后命令行显示"-VIEW 输入选项 [?/正交（O）/删除（D）/恢复（R）/保存（S）/UCS（U）/窗口（W）]"，键入 O 然后再回车，就可以回到那种标准的显示模式了。

34. 恢复失效的特性匹配命令

有时我们在 AutoCAD R14 的使用过程中，其他命令都很正常，但特性匹配却不能用了，重装软件一时又找不到它的安装程序，下面介绍的方法就可以派上用场了。

方法 1.在命令行键入 menu 命令，在弹出的"选择菜单文件"对话框中，选择 acad.mnu 菜单文件，重新加载菜单；

方法 2.在命令行键入 appload 命令，在弹出的"加载 AutoLISP ADS 和 ARX 文件"对话框中，选择并加载 AutoCAD R14 目录下的 match.arx 文件。其实，对于其他命令失效的问题，也可以灵活运用以上方法。

方法 3：找到 AutoCAD 目录下的 match.arx 或者 acmatch.arx 文件，直接用鼠标拖放到 ACAD 绘图区。其实，对于其他命令失效的问题，也可以灵活运用以上方法。

35. 关于 explode 命令无效的问题

如果在 CAD 使用过程中，不能分解图块了，先试一试能否分解别的实体（如多行文本、填充图案等）。如果能，说明是你所选择的实体本身不能被分解（也可以在命令前加上"."来测试是否可以分解图块）；如果不能，可能是感染了一个基于 AutoLISP 语言的病毒程序 acad.lsp。它的主要表现特征为打开任意一张图纸均不能分解图块，即 explode 命令无效，给工作带来了不少麻烦。该病毒运行时将在所有打开过 CAD 图纸的目录下，生成 acad.lsp 病毒程序，并在 CAD 的安装目录 Support 下，生成 acadapp.lsp 病毒程序。

下面是清除该病毒的方法：

（1）打开系统的查找"文件或文件夹"对话框；

（2）在"文件或文件夹名"数据框中输入"acad.lsp；acadapp.lsp"；

（3）在"包含文字"数据框中输入"explode；' U% Y& q- ^9 j"；

（4）在"搜索"数据框中选择"所有硬盘驱动器"；

（5）将搜索到的这两个文件全部删除后，问题就已经解决了。注意：一定要将硬盘是的所有目录都搜索一遍，这样才能将病毒清除干净。补充：那病毒文件的名字也可能叫 Support \ acadiso.lsp。

36．如何保存图层

如想把图层、标注、打印都设置好了保存起来，方便下次作图。应操作如下：新建一个 CAD 文档，把图层，标注样式等都设置好后另存为 DWT 格式（CAD 的模板文件）。在 CAD 安装目录下找到 DWT 模板文件放置的文件夹，把刚才创建的 DWT 文件放进去。以后使用时，新建文档时提示选择模板文件时选择就好了，或者把那个文件取名为 acad.dwt（CAD 默认模板），替换默认模板，以后只要打开就可以了。

37．如何隐藏坐标

有的时候你会用一些抓图软件捕捉 CAD 的图形界面或进行一些类似的操作，但在此过程中，是不是为了左下角的坐标而苦恼呢？

因为它的存在，而影响了你的操作。解决这个方法是将 UCSICON 调置为 OFF 即可关闭反之 ON 打开。

38．交叉点标记在鼠标点击处生成了怎么办

答：在画图中有时有交叉点标记在鼠标点击处产生，很讨厌，用 BLIPMODE 命令，在提示行下输入 OFF 可消除它。

39．交叉点标记在鼠标点击处生成了怎么办

答：在画图中有时有交叉点标记在鼠标点击处产生，很讨厌，用 BLIPMODE 命令，在提示行下输入 OFF 可消除它。

40．标注的尾巴有 0 怎么办

举例说明：如果你标注为 100 mm，实际在图形当中标出的是 100.00 或 100.000 等这样的情况。那么用命令"dimzin"，系统变量最好要设定为 8，这时尺寸标注中的缺省值将不会带几个尾零。我们直接输入此命令进行修改很方便，不用在标注选项里调了。

41．如果想将 CAD 图插入 Word 怎么办

答：Word 文档制作中，往往需要各种插图，Word 绘图功能有限，特别是复杂的图形，该缺点更加明显。AutoCAD 是专业绘图软件，功能强大，很适合绘制比较复杂的图形，用 AutoCAD 绘制好图形，然后插入 Word 制作复合文档是解决问题的好办法。可以用 AutoCAD 提供的 EXPORT 功能先将 AutoCAD 图形以 BMP 或 WMF 等格式输出，然后插入 Word 文档，也可以先将 AutoCAD 图形拷贝到剪贴板，再在 Word 文档中粘贴。需注意的是，由于 AutoCAD 默认背景颜色为黑色，而 Word 背景颜色为白色，首先应将 AutoCAD 图形背景颜色改成白色。另外，AutoCAD 图形插入 Word 文档后，往往空边过大，效果不理想。利用 Word 图片工具栏上的裁剪功能进行修整，空边过大问题即可解决。

42. 如果想插入 Excel 怎么办

AutoCAD 尽管有强大的图形功能，但表格处理功能相对较弱，而在实际工作中，往往需要在 AutoCAD 中制作各种表格，如工程数量表等，如何高效制作表格，是一个很实际的问题。

在 AutoCAD 环境下用手工画线方法绘制表格，再在表格中填写文字，这样做不但效率低下，而且很难精确控制文字的书写位置，文字排版也很成问题。尽管 AutoCAD 支持对象链接与嵌入，可以插入 Word 或 Excel 表格，但是一方面修改起来不是很方便，一点小小的修改就得进入 Word 或 Excel 软件中，修改完成后，又得退回到 AutoCAD；另一方面，一些特殊符号如一级钢筋符号以及二级钢筋符号等，在 Word 或 Excel 中很难输入，那么有没有两全其美的方法呢，经过探索，可以这样解决：先在 Excel 中制完表格，复制到剪贴板，然后再在 AutoCAD 环境下选择编辑菜单中的"选择性粘贴"选项。确定以后，表格即转化成 AutoCAD 实体，用 explode 分解，即可以编辑其中的线条及文字，非常方便。

43. 提高绘图效率的途径和技法

1）如何提高画图的速度

除了一些命令我们需要掌握之外，还要遵循一定的作图原则，为了提高作图速度，用户最好遵循如下的作图原则：

（1）作图步骤：设置图幅→设置单位及精度→建立若干图层→设置对象样式→开始绘图。

（2）绘图始终使用 1∶1 比例。为改变图样的大小，可在打印时在图纸空间内设置不同的打印比例。

（3）为不同类型的图元对象设置不同的图层、颜色及线宽，而图元对象的颜色、线型及线宽都应由图层控制（BYLAYER）。

（4）需精确绘图时，可使用栅格捕捉功能，并将栅格捕捉间距设为适当的数值。

（5）不要将图框和图形绘在同一幅图中，应在布局（LAYOUT）中将图框按块插入，然后打印出图。

（6）对于有名对象，如视图、图层、图块、线型、文字样式、打印样式等，命名时不仅要简明，而且要遵循一定的规律，以便于查找和使用。

（7）将一些常用设置，如图层、标注样式、文字样式、栅格捕捉等内容设置在一图形模板文件中（即另存为*.DWF 文件），以后绘制新图时，可在创建新图形向导中单击"使用模板"来打开它，并开始绘图。

2）选用合适的命令

用户能够使用 AutoCAD，是通过向它发出一系列的命令实现的。AutoCAD 接到命令后，会立即执行该命令并完成其相应的功能。在具体操作过程中，尽管有多种途径能够达到同样的目的，但如果命令选用得当，则会明显减少操作步骤，提高绘图效率。下面仅列举了几个较典型的案例。

（1）生成直线或线段。

① 在 AutoCAD 中，使用 LINE、XLINE、RAY、PLINE、MLINE 命令均可生成直线

或线段，但唯有 LINE 命令使用的频率最高，也最为灵活。

② 为保证物体三视图之间"长对正、宽相等、高平齐"的对应关系，应选用 XLINE 和 RAY 命令绘出若干条辅助线，然后再用 TRIM 剪截掉多余的部分。

③ 欲快速生成一条封闭的填充边界，或想构造一个面域，则应选用 PLINE 命令。用 PLINE 生成的线段可用 PEDIT 命令进行编辑。

④ 当一次生成多条彼此平行的线段，且各条线段可能使用不同的颜色和线型时，可选择 MLINE 命令。

（2）注释文本。

① 在使用文本注释时，如果注释中的文字具有同样的格式，注释又很短，则选用 TEXT（DTEXT）命令。

② 当需要书写大段文字，且段落中的文字可能具有不同格式，如字体、字高、颜色、专用符号、分子式等，则应使用 MTEXT 命令。

（3）复制图形或特性。

① 在同一图形文件中，若将图形只复制一次，则应选用 COPY 命令。

② 在同一图形文件中，将某图形随意复制多次，则应选用 COPY 命令的 MULTIPLE（重复）选项；或者，使用 COPYCLIP（普通复制）或 COPYBASE（指定基点后复制）命令将需要的图形复制到剪贴板，然后再使用 PASTECLIP（普通粘贴）或 PASTEBLOCK（以块的形式粘贴）命令粘贴到多处指定的位置。

③ 在同一图形文件中，如果复制后的图形按一定规律排列，如形成若干行若干列，或者沿某圆周（圆弧）均匀分布，则应选用 ARRAY 命令。

④ 在同一图形文件中，欲生成多条彼此平行、间隔相等或不等的线条，或者生成一系列同心椭圆（弧）、圆（弧）等，则应选用 OFFSET 命令。

⑤ 在同一图形文件中，如果需要复制的数量相当大，为了减少文件的大小，或便于日后统一修改，则应把指定的图形用 BLOCK 命令定义为块，再选用 INSERT 或 MINSERT 命令将块插入即可。

⑥ 在多个图形文档之间复制图形，可采用两种办法。其一，使用命令操作。先在打开的源文件中使用 COPYCLIP 或 COPYBASE 命令将图形复制到剪贴板中，然后在打开的目的文件中用 PASTECLIP、PASTEBLOCK 或 PASTEORIG 三者之一将图形复制到指定位置。这与在快捷菜单中选择相应的选项是等效的。其二，用鼠标直接拖拽被选图形。注意：在同一图形文件中拖拽只能是移动图形，而在两个图形文档之间拖拽才是复制图形。拖拽时，鼠标指针一定要指在选定图形的图线上而不是指在图线的夹点上。同时还要注意的是，用左键拖拽与用右键拖拽是有区别的。用左键是直接进行拖拽，而用右键拖拽时会弹出一快捷菜单，依据菜单提供的选项选择不同方式进行复制。

⑦ 在多个图形文档之间复制图形特性，应选用 MATCHPROP 命令（需与 PAINTPROP 命令匹配）。

3）使用快车工具（EXPRESS TOOLS）

所谓快车工具，实际上是为用户设计并随 AutoCAD 2000 一起免费提供的实用工具库。该库中的大部分工具来自 AutoCAD R14 的优惠（Bonus）工具，其余的则已被舍弃或改进，同时又增加了一些新工具。快车工具在图层管理、对象选择、尺寸标注样式的输入/输出、图形的编辑修改等众多方面对 AutoCAD 进行了功能扩展，而且能非常容易地结合在 AutoCAD 2000 的菜单和工具条中，使用起来方便快捷，故能明显提高绘图的工作效率。

安装快车工具的方法，是在安装 AutoCAD 2000 时选择"完全"安装，或者选择带有"快车工具"选项的"用户"安装。假如当初不是这样，则应以"增加"方式重新安装 AutoCAD 2000，并选择需添加的"快车工具"。

缺省时，AutoCAD 2000 在启动时不把快车工具装入内存，以缩短其启动时间。当你第一次使用快车工具时，工具库会自动装入。不过你也可以在开始时用 EXPRESS TOOLS 命令强行装入。在已正确安装了快车工具的前提下，如果屏幕上未出现其"快车"菜单，你可以使用 EXPRESS MENU 命令将菜单显示出来。

下面则是在屏幕上显示"快车"工具条的方法步骤：

（1）在下拉式菜单中，选择"视图"→"工具条"，则出现"工具条"对话框。

（2）在名为"菜单组"的下拉组合框中，选择"快车"。

（3）在名为"工具条"的组合框中点选所需要的选项。凡以"X"开头的选项，将在屏幕上显示其工具条。

（4）单击"关闭"按钮，退出对话框。

4）打开或关闭一些可视要素

图形的复杂程度影响到 AutoCAD 执行命令和刷新屏幕的速度。打开或关闭一些可视要素（如填充、宽线、文本、标示点、加亮选择等）能够增强 AutoCAD 的性能。

（1）如果把 FILL 设为 OFF，则关闭实体填充模式，新画的迹线、具有宽度的多义线、填充多边形等，只会显示一个轮廓，它们在打印时不被输出。而填充模式对已有图形的影响效果，可使用 REGEN 命令显示出来。另外，系统变量 FILLMODE 除控制填充模式之外，还控制着所有阴影线的显示与否。

（2）关闭宽线显示。宽线增加了线条的宽度，宽线在打印时按实际值输出，但在模型空间中是按像素比例显示的。在使用 AutoCAD 绘图时，可通过状态条上的 LWT 按钮，或者从"格式"菜单中选择"宽线"选项，用"宽线设置"对话框将宽线显示关闭，以优化其显示性能。系统变量 LWDISPLAY 也控制着当前图形中的宽线显示。

（3）如果把 QTEXT 设为 ON，则打开快显文本模式。这样，在图样中新添加的文本会被隐匿起来只显示一个边框，打印输出时也是如此。该设置对已有文本的影响效果，可使用 REGEN 命令进行显示。另外，系统变量 QTEXTMODE 也控制着文本是否显示。这在图样中的文本较多时，对系统性能的影响是很明显的。

（4）禁止显示标示点。所谓标示点，是在选择图形对象或定位一点时出现在 AutoCAD 绘图区内的一些临时标记。它们能作为参考点，能用 REDRAW 或 REGEN 命令清除，但打印输出时并不出现在图纸上。欲禁止标示点显示，可将 BLIPMODE 设为 OFF，以增强 AutoCAD 的性能。

（5）取消加亮选择。在缺省情况下，AutoCAD 使用"加亮"来表示当前正被选择的图形。然而，将系统变量 HIGHLIGHT 的值从 1 改为 0，取消加亮选择时，也可增强 AutoCAD 的性能。

（6）顺便一提的是，将系统变量 REGENMODE 的值设为 0，或者将 REGENAUTO 设为 OFF，可以节省图形自动重新生成的时间。

5）及时清理图形

在一个图形文件中可能存在着一些没有使用的图层、图块、文本样式、尺寸标注样式、线型等无用对象。这些无用对象不仅增大文件的尺寸，而且降低 AutoCAD 的性能。用户应及时使用 PURGE 命令进行清理。由于图形对象经常出现嵌套，因此往往需要用户接连使用几次 PURGE 命令才能将无用对象清理干净。

6）使用命令别名和加速键

AutoCAD 为一些比较常用的命令或菜单项定义了别名和加速键。使用命令别名和加速键可以明显节省访问命令的时间。命令别名是在 acad.pgp 文件中定义的。用任何文本编辑器打开并编辑该文件，就可以添加、删除或更改命令别名。用这种方法定义的别名，当重新进入 AutoCAD 时即可使用。在最新的软件版本中，用户不必退出 AutoCAD 就可以利用快车工具重新定义命令别名，但如果使用这种方法，则需要在第一次使用新定义的别名之前，执行 REINIT 命令以对软件重新初始化。

命令加速键是在 acad.mnu 文件中定义的。欲添加、删除或更改命令加速键，用户只能用文本编辑器对 acad.mnu 文件进行编辑修改。修改过的*.mnu 文件必须用 MENU 命令加载并编译后，新定义的命令加速键方可使用。

步骤一：将要加密的文件另存，在出现的保存对话框中选右上角的 Tools 然后选其下的 security options。

步骤二：在打开的对话框中的"Password..."下的输入框中输入密码。

步骤三：在步骤二确定后，会出现密码确认对话框，在此再次输入刚才输入的密码，两次输入的要完全一致。确定之后文件就加密了。再次打开时就要输入密码了。所以加密之前最好先备份文件。

44. 不出现对话框，只是显示路径怎么办

命令 FILEDIA 设为 1 即可。

45. 打印的时候有印戳怎么办

答：打开打印机的对话框中，右侧有一个打印戳记，把它前面的对勾去掉就可以了。

46. CAD2002 以上版本在哪里修改快捷键

如果你正在使用的系统是 Win2000 或者 WinXP 的话，请到这个位置去查找 PGP 文件：XX（您的系统安装盘）:\Documents and Settings\（您的用户名）\Application Data\Autodesk\AutoCAD 2006（或者是 2002/2004/2005/2006）\R16.2（CAD 内部版本号，可能是 R15.1/R16.1 等）\chs（中文版，英文版好像是 ens 不记得了）\Support\acad.pgp。

47. 添加程序中大面积的空白怎么解决

解决办法是修改注册表，运行 regedit.exe 8C（C）s s-y 进入路径：HKEY_LOCAL_

MACHINE\SOFTWARE\Microsoft\Windows\CurrentVersion\Uninstall，查找"AutoCAD 2002"，应该是在{5783F2D7-0101-0409-0000-0060B0CE6BBA}里（也可能不能完全对应这些数值），然后双击右边的 DisplayIcon 项，把最后的数字改为 0（原来是-1）。

48. MA 的小问题

有的时候用 MA 这个小刷子刷物体的时候，不能刷其线型、颜色等。解决方法："MA"→"选中源对象"→"S 设置"→这里把想刷的打上勾即可。

49. 文字乱码小办法

命令：FONTALT[用于字体的更换]，解决 CAD 字体乱码现象。工作时需要用 CAD 读取大量的各大设计院的 CAD 图纸，大家可以把以下这段命令添加到 CAD 目录下的 acad.fmp 文件中，解决在读取 CAD 无需要字体时造成的乱码现象。

hztxtb；hztxt.shx
hztxto；hztxt.shx
hzdx；hztxt.shx
hztxt1；hztxt.shx
hzfso；hztxt.shx
hzxy；hztxt.shx
fs64f；hztxt.shx
hzfs；hztxt.shx
st64f；hztxt.shx
kttch；hztxt.shx
khtch；hztxt.shx
hzxk；hztxt.shx
Kst64s；hztxt.shx
ctxt；hztxt.shx
hzpmk；hztxt.shx
Pchina；hztxt.shx
hztx；hztxt.shx
hztxt.shx（A. R5 W）
ht64s；hztxt.shx
kt64f；hztxt.shx
eesltype；hztxt；
hzfs0；hztxt

常用的 SHX 字体如下：

Txt：标准的 AutoCAD 文字字体。这种字体可以通过很少的矢量来描述，它是一种简单的字体，因此绘制起来速度很快，txt 字体文件为 txt.shx。

Monotxt：等宽的 txt 字体。在这种字体中，除了分配给每个字符的空间大小相同（等宽）以外，其他所有的特征都与 txt 字体相同。因此，这种字体尤其适合于书写明细表或在表格中需要垂直书写文字的场合。

Romans：这种字体是由许多短线段绘制的 Roman 字体的简体（单笔画绘制，没有衬线）。该字体可以产生比 txt 字体看上去更为单薄的字符。

Romand：这种字体与 Romans 字体相似，但它是使用双笔画定义的。该字体能产生更粗、颜色更深的字符，特别适用于在高分辨率的打印机（如激光打印机）上使用。

Romanc：这种字体是 Roman 字体的繁体（双笔画，有衬线）。

Romant 这种字体是与 Romanc 字体类似的三笔画的 Roman 字体（三笔画，有衬线）。

Italicc：这种字体是 Italic 字体的繁体（双笔画，有衬线）。

Italict：这种字体是三笔画的 italic 字体（三笔画，有衬线）。

Scripts：这种字体是 Script 字体的简体（单笔画）。这种字体是 Script 字体的繁体（双笔划）。

Greeks：这种字体是 Greek 字体的简体（单笔画，无衬线）。

Greekc：这种字体是 Greek 字体的繁体（双笔画，有衬线）。

Gothice：哥特式英文字体。

Gothicg：哥特式德文字体。

Gothici：哥特式意大利文字体。

Syastro：天体学符号字体。

Symap：地图学符号字体。

Symath：数学符号字体。

symeteo：气象学符号字体。

Symusic：音乐符号字体。

Hztxt：单笔画小仿宋体。

Hzfs：单笔画大仿宋体。

China：双笔划宋体。

50. 解决 AutoCAD 在 XP 操作系统下打印时致命错误的方法

近来，AutoCAD 2007 版或 2008 版本在点击打印时出现致命错误并退出 AutoCAD 的现象。经过的研究，这跟 AutoCAD 2007 及以上版本使用打印戳记有关。在 2004 版时，增补的打印戳记功能就有很多的 BUG，这个功能在 2004 版本后就直接作为 AutoCAD 功能。该功能在 98 操作系统中是完全没有问题的，但在有些 XP 系统中就会出错。所以在 XP 系统中最好不要去开启该功能。

如果你已经不幸开启了该功能而使 AutoCAD 在打印时出现致命错误，解决的方法只能是这样：在 AutoCAD 的根目录下找到 AcPltStamp.arx 文件，把它改为其他名称或删除掉。这样再进行打印就不会再出错了，但也少了打印戳记的功能。该方法对于 2007 版及 2008 版均有效。

51. ACAD.PGP 文件修改

大家都知道 LINE 命令在 COMMAND 输入时可简化为 L，为何会如此呢？因为在 AutoCAD 中有一个加密文件 ACAD.PGP 中定义了 LINE 命令的简写，先找出这个文件打开它。找"These examples include most frequently used commands"的提示语，在其下的几行文字就可对简进行定义，记住它的左列是简写命令的文字实现，你可以根据你的需要进行修改；它的右列是默认的命令，请不要随意修改。相信这能为你提高一定的速度。

52. 对图形夹点操作

当你用鼠标左键点击图形，图形上便会出现许多方框，这些就是夹点。通过控制夹点便能进行一些基本的编辑操作。如：COPY、MOVE、改变图形所在的图层等基本操作。而且不同的图形，还有其特殊的操作。如：直线有延伸操作。

53. 关于鼠标的一点小技巧

在 acad.mnu 中做上面的设置时只要按住 shift 键然后击鼠标右键就可以框选放大（zoom w），按住 Ctrl 键然后点击鼠标右键就可以回到上一次图形窗口（zoom p）。

54. 鼠标都有什么功能

1）二键式鼠标

左键：选择功能键（选像素、选点、选功能）。

右键：绘图区：：-快捷菜单或[ENTER]功能：

（1）变量 SHORTCUTMENU 等于 0——[ENTER]。

（2）变量 SHORTCUTMENU 大于 0——快捷菜单。

（3）或用于环境选项——使用者设定——快捷菜单开关设定。

[shift]+右键：对象捕捉快捷菜单。

2）三键式鼠标

左键：选择功能键（选像素，选点，选功能）。

右键：绘图区——快捷菜单或[ENTER]功能：

（1）变量 SHORTCUTMENU 等于 0——[ENTER]。

（2）变量 SHORTCUTMENU 大于 0——快捷菜单。

（3）或用于环境选项——使用者设定——快捷菜单开关设定。

中间键：Mbuttonpan=1（系统默认值）。

压着不放并拖曳实现平移。

双击：ZOOM——E 缩放成实际范围。

[Shift]+压着不放并拖曳：作垂直或水平的实时平移。

[Ctrl]+压着不放并拖曳：随意式实时平移。

Mbuttonpan=0，对象捕捉快捷菜单。

[Shift]+右键：对象捕捉快捷菜单。

3）二键+中间滚轮鼠标

左键：选择功能键（选像素、选点、选功能）。

右键：绘图区——快捷菜单或[ENTER]功能。

（1）变量 SHORTCUTMENU 等于 0——[ENTER]。

（2）变量 SHORTCUTMENU 大于 0——快捷菜单。

（3）或用于环境选项——使用者设定——快捷菜单开关设定。

中间滚轮：（1）旋转轮子向前或向后，实时缩放、拉近、拉远。

（2）压轮子不放并拖曳 实时平移；（3）双击 ZOOM——E 缩放成实际范围。

[Shift]+压轮子不放并拖曳：作垂直或水平的实时平移。

[Ctrl]+压轮子不放并拖曳：随意式实时平移。

Mbuttonpan=0（系统默认值=1）按一下轮子：对象捕捉快捷菜单；

[Shift]+右键：对象捕捉快捷菜单

55. 块文件不能分解及不能用另外一些常用命令的问题

可以有两种方法解决，一是删除 acad.lsp 和 acadapp.lsp 文件，大小应该一样，然后复制 acadr14.lsp 两次，命名为上述两个文件名，设置为只读，就可以了。要删掉你 DWG 图形所在目录的所有 lsp 文件。

56. 删除顽固图层的有效方法

删除顽固图层的有效方法是采用图层影射，命令为 laytrans，可将需删除的图层影射为 0 层即可。这个方法可以删除具有实体对象或被其他块嵌套定义的图层，可以说是万能图层删除器。

57. CAD 自动保存的文件格式转化为 DWG 格式时，为什么总会变成.DWG.SV$格式

那是因为文件扩展名被隐藏起来了。

在 IE 浏览器中点击菜单"工具"→"文件夹选项"→"查看"，去除"隐藏已知文件类型的扩展名"，再重命名 sv$文件。

58. 在修改完 acad.lsp 后，不能自动加载怎么办

每次新建文档或者打开 AUTOCAD 都必须手动加载 acad.lsp 文件，若要想每次启动或者新建都能自动加载 LISP 文件，那么可以将 ACADLSPASDOC 的系统变量修改为 1。

补充：ACADLSPASDOC 的含义是这样的，只在开第一张图的时候加载 acad.lsp1，每次开图均重新加载 acad.lsp1，只要 acad.lsp 的路径正确，每次打开 CAD，它至少会被自动加载一次。路径正确的意思是指放到支持文件搜索的路径里面。简单说，CAD 根目录、SUPPORT 和当前工作目录最保险。

59. 如何关闭 CAD 中的*BAK 文件

（1）点击"工具"→"选项"，选"打开和保存"选项卡，再在对话框中将"每次保存均创建备份"即"CREAT BACKUP COPY WITH EACH SAVES"前的对钩去掉。

（2）也可以用命令 ISAVEBAK，将 ISAVEBAK 的系统变量修改为 0，系统变量为 1 时，每次保存都会创建"*BAK"备份文件。

60. CAD 中绘图区左下方显示坐标的框有时变为灰色，当鼠标在绘图区移动时，显示的坐标没有变化怎么办

这时需按 F6 键或者将 COORDS 的系统变量修改为 1 或者 2。系统变量为 0 时，是指用定点设备指定点时更新坐标显示；系统变量为 1 时，是指不断更新坐标显示；系统变量为 2 时，是指不断更新坐标显示，当需要距离和角度时，显示到上一点的距离和角度。

61. 当绘图时没有虚线框显示，比如画一个矩形，取一点后，拖动鼠标时没有矩形虚框跟着变化

这时需修改 DRAGMODE 的系统变量，推荐修改为 AUTO。系统变量为 ON 时，再选定要拖动的对象后，仅当在命令行中输入 DRAG 后才在拖动时显示对象的轮廓；系统变量为 OFF 时，在拖动时不显示对象的轮廓；系统变量位 AUTO 时，在拖动时总是显示对象的轮廓。

62. 当选取对象时，拖动鼠标产生的虚框变为实线框且选取后留下两个交叉的点时怎么办

将 BLIPMODE 的系统变量修改为 OFF 即可。

63. 用 AutoCAD 打开一张旧图，有时会遇到异常错误而中断退出怎么办

可以新建一个图形文件，而把旧图用图块形式插入，也许可以解决问题。

64. 在 AutoCAD 中有时尺寸箭头及 Trace 画的轨迹线变为空心怎么办

用 FILLMMODE 命令，在提示行下输入值 1 可将其重新变为实心。

65. AutoCAD 2004 新增了为图形设置密码的功能

具体的设置方法如下：

（1）执行保存命令后，在弹出的 save drawing as（图形另存为）对话框中，选择对话框右上方 tools（工具）下拉菜单中的 security options（安全选项），AutoCAD 会弹出 security options（安全选项）对话框；

（2）单击 password（口令）选项卡，在 password or phrase to open this drowing（用于打开此图形的口令或短语）文本框中输入密码。此外，利用 digital sinnature（数字签名）选项卡还可以设置数字签名。

66. 辅助小功能

在 CAD 中可以用 Ctrl+Z 取消上面的操作，用 Ctrl+Y 恢复，但是在 2004 版本之前只能恢复一步，而 2004 版本及以后可以多次恢复。

67. CAD 多重复制

在复制对象时，多重复制总是需要输入 M，显得比较麻烦，你可以在 acad.lsp 文件中添加程序实现：

defun C：CVV （ ）
setvar "cmdecho" 0 ）
setq css（ssget））（command "copy" css "" "m"）
setq css nil）（setvar "cmdecho" 1）
prin1

即输入 CVV 回车，即可实现多重复制。
编完之后，AP 加载此 LSP 程序。

68. 如果想关闭 CAD 中的*BAK 文件怎么办

（1）点击"工具"→"选项"，选择"打开和保存"选项卡，再在对话框中将"每次保存均创建备份"即"CREAT BACKUP COPY WITH EACH SAVES"前的对钩去掉。

（2）也可以用命令 ISAVEBAK，将 ISAVEBAK 的系统变量修改为 0，系统变量为 1 时，每次保存都会创建"*BAK"备份文件。

69. 如果想快速选择一个目标的时候怎么办

在快速选择时，可以用 FI 命令来设置快速选择的类型样式，并用命令 FI 来筛选所需对象。

补充：除了 FI（LTER），还有个简化版的命令 QSELECT，比前者易用。

70. 图层 1 的内容被图层 2 的内容遮住了怎么办

如果在一个图里，图层 1 的内容被图层 2 的内容给遮住了，点击"工具"→"显示"→"前置"即可将遮住的内容显示出来。

71. AUTOCAD 中绘图区左下方显示坐标的框变成灰色的怎么办

AutoCAD 中绘图区左下方显示坐标的框有时变为灰色，当鼠标在绘图区移动时，显示的坐标没有变化，这时需按 F6 键或者将 COORDS 的系统变量修改为 1 或者 2。最简单的方法是，在那个坐标值上面点击一下。

72. 关于选择的问题

当绘图时没有虚线框显示，比如画一个矩形，取一点后，拖动鼠标时没有矩形虚框跟着变化，这时需修改 DRAGMODE 的系统变量，推荐修改为 AUTO。

系统变量为 ON 时，再选定要拖动的对象后，仅当在命令行中输入 DRAG 后才在拖动时显示对象的轮廓。

系统变量为 OFF 时，在拖动时不显示对象的轮廓。

系统变量为 AUTO 时，在拖动时总是显示对象的轮廓 CAD。

73. 工具栏不见了怎么办

如果在 AUTOCAD 中的工具栏不见了时，在工具栏处点右键，或者选择"工具"→"选项"→"配置"→"重置"。

也可用 MENULOAD 命令，然后点击浏览，选择 acad.mnc 加载即可。当然了，这些方法是指特殊的情况，一般在视图工具栏里选中想应用的工具栏即可。

补充：命令 TOOLBAR

74. 在用 AutoCAD（2007 和 2008）在 XP 系统下打印时出现致命错误时的解决方法

在 AutoCAD 中不开启打印戳记功能，如已开起，则需将 AutoCAD 根目录下的 ACPLTSTAMP.ARX 文件改为其他的名称或者删除。但是在删除时不能运行 AutoCAD，而且要具有管理员权限，否则不能删除。

75. 将文字对齐方式修改而不改变文字的位置的方法

选择"修改"→"对象"→"文字"→"对正"，改变对齐方式，文字的位置不会改变。

76. 简说自定义快键

序参数文件，用于保存命令定义。在以往的版本中，该文件存放在安装目录的 Support 文件夹下，但是在 CAD2004 中有了改变，它被放在了 C：\Documents and Settings\mh\Application Data\Autodesk\AutoCAD 2004\R16.0\chs\Support 下（mh 是我的计算机用户名）。

如果不知道具体路径的话，很难找到这个文件。不过用户可以打开 CAD，在其中直接进入到该文件。可以选择"工具"菜单下的"自定义/编辑自定义文件/程序参数（acad.pgp）"，系统会直接打开文件（askcad.com）；接着进行命令缩写的自定义，只需在文件中找到相应的命令全名，在名字前面有它的缩写。保持其格式不变，把前面的缩写改成自己想要的按键就可以了。完成之后，一定要进行保存，然后就可以关闭了。例如：将"M, *MOVE"改为"MO, *MOVE"。

但是修改还不会立即生效，这时可以用两种方法：一种是重启一下 CAD，就会保存你的修改，再打开 CAD 时就可以用了。另一种是输入命令"reinit"，会弹出一个"重新初始化"的对话框，选择 PGP 文件，点"确定"即可。

命令缩写的自定义不要太多，因为每次打开一个图形文件，首次使用一个自定义的命令缩写时，系统都会有一个加载的过程，其时间长短视个人的配置而定。使用了过多的自定义，导致绘图效率降低。

77. 为什么绘图文件、层和块在对话框中不再以阿拉伯字母顺序显示在列表中

系统变量 MAXSORT 决定了文件名、层名、块名、线型等在 AutoCAD 对话框中以字母顺序排列。可在"Preferences（系统配置）"对话框中的"General（基本）"标签下，设置"maximum number sorted symbols（存储符号的最大数量）"。

缺省的 MAXSORT 值是 200，这意味着至多 200 个实体能被在列表框中依字母顺序排序，如果在列表框中一个项目的序号超过了 200，将不能对其排序。MAXSORT 值太大将会占用更多的内存，也将要花更多的时间来排序一个大的列表项。如果发现图形文件列表变得越来越长，就需要组织你的图形文件到不同的子目录下，而不是去增加变量 MAXSORT 的值。对于长的块名和层名列表，应该周期性地重新评定它们中那些是必要的，以维持列表项目的数目在一个合理的范围内。

78. 怎样用 PSOUT 命令输出图形到一张比 A 型图纸更大的图纸上

R14 中，如果直接用 PSOUT 输出 EPS 文件，系统变量 FILEDIA 又被设置为 1，输出的 EPS 文件，只能输出到 A 型图纸上。

如果想选择图纸大小，必须在运行 PSOUT 命令之前取消文件交互对话框形式，为此，设置系统变量 FILEDIA 为 0。或者为 AutoCAD 配置一个 Postscript 打印机，然后输出到文件，得到任意图纸大小的 EPS 文件。

注意：如果在当前的绘图期间已经以文件对话框的方式运行了 PSOUT 命令，就必须关闭并且重新打开该文件，然后再运行上述指令。

提示：

BMPOUT 为输出位图的命令；

PSOUT 为输出 PSD 格式图片的命令；

JPGOUT 为输出图片的命令；

TIFOUT 为输出 TIF 格式的命令。

79. 为什么 Auto CAD 在使用 CTRL+C 复制时，所复制的物体总是离鼠标控制点很远，这个问题要如何解决？】

在 CAD 中的剪贴板复制功能中，默认的基点在图形的左下角。最好是用带基点复制，这样就可指定所需的基点。带基点复制是 CAD 的要求与 Windows 剪贴板结合的产物。在"编辑"菜单中或右键菜单中有此命令。

80. 本人文字说明一直用汉字仿宋，输出时文字和字母、数字的大小基本上是相同的，但是一些符号不可用，并且占用空间大。尝试过别的字体，但是文字和数字大小差别太大。请教一般是用哪种字体，还有怎样在输入文字中更改某些文字的字体样式，移动时还是一个整体？

用多行文本。

81. 请问如何测量带弧线的多线段与多义线的长度

用列表命令（list）。

82. 如何等分几何形？如何将一个矩形内部等分为任意 $n×m$ 个小矩形，或者将圆等分为 n 份，或者等分任意角

divide 命令只是对线段进行等分，并不能等分其他几何图形。直接的等分几何图形的功能是没有的。但是当你会对矩形的两条边分别做 m 和 n 等分后，难道还不可以得到对矩形的等分吗？

83. 请问用什么命令可以迅速取消以前的命令，就是 UNDO 吗，一次次输入"U"很麻烦，是否有一次回到上次保存命令时候的操作呢

其实 CAD 中早就有了。是 UNDO 命令，不能用"U"。请看 UNDO 命令后的提示：

命令：UNDO

输入要放弃的操作数目或 [自动（A）/控制（C）/开始（BE）/结束（E）/标记（M）/后退（）]

可以使用命令行的 UNDO 选项一次放弃多个操作。"开始"和"结束"将若干操作定义为一组，"标记"和"返回"与放弃所有操作配合使用返回到预先确定的点。如果使用"后退"或"数目"放弃多个操作，AutoCAD 将在必要时重生成或重画图形，这将在 UNDO 结束时发生。因此，输入 UNDO 5 将重生成一次，而输入 U U U U U 将重生成五次。

UNDO 对一些命令和系统变量无效，包括用以打开、关闭或保存窗口及图形、显示信息、更改图形显示、重生成图形和以不同格式输出图形的命令及系统变量。

84. Hatch 填充时很久找不到范围怎么办？大家在用 Hatch 填充时常常遇到很久找不到范围的情况，尤其是 DWG 文件本身比较大的时候，我常用的方法是用 LAYISO 命令让欲填充的范围线所在的层孤立，再用 Hatch 填充就可以迅速找到填充范围

Hatch 填充主要线要封闭，先用 LAYISO 命令让欲填充的范围线所在的层孤立是个好办法。其实好多使用者都没怎么注意填充图案的边界确定有一个边界集设置的问题（在高级栏下）。所谓边界集，这是指在怎样的对象集合中找边界，默认的设置是"当前视口"，所以图上对象很多时系统就会很慢。这种情况下可以新建一个边界集，让系统在这个范围内来找边界就会好很多。当然这个边界集应该是比较容易获得的才好。

85. 如何实现图层上下叠放次序切换

AutoCAD 中没有图层的叠放次序，只有对象的前置与后置。

（1）前后是相对的，所以只是在有特别需要时（如 Hatch 对象所在层置后、轴线和柱、墙线所在层置前以显示外轮廓），才需要这样做。

（2）一般只是对某几个特定层上的这些对象进行这样操作，因此，可以按层选择对

象再对这些选择的对象进行置前置后的操作。

（3）如果要按自定义的层顺序来置前置后对象，有一个程序可以做到：LayerManager pro

86. R14 版与 2002 版的跟踪方式不一样？比如 R14 版的绘图跟踪功能，好像在 2002 版里面变了，虽然也是跟踪，但怎么也用不习惯，不知道各位专家在使用过程中有没有这个困惑

2000 以后的对象追踪比 R14 的跟踪强多了，还可与极轴配合使用，这是 R14 的跟踪所不能的。2004 中选点时键入"tk"可以一直追踪下去，和 R14 完全相同。实际上 200x 配合 PolarSnap 和 AutoTracing 几乎不需要再直接键入"tk"来追踪了，且可以追踪非常多的特定点。

87. 在 2002 中做了一个表格，表格中有诸多数据、字母、数字。如何让他们像在 Word2000 做到对齐呢

有个简单的办法，每列数据使用多行文本（MTEXT），对齐方式可以通过 MTEXT 窗口的特性来修改。

88. 如何将附图中的红色字改成灰色（简便方法）

用修改块属性的方法（battman）。这个命令是 2007 和 2008 中的，R14 的命令在"修改"菜单下，选择"对象"→"属性"→"全局"。

89. 谁能告之在 CAD 平台下图纸空间与模型空间的比例转换，以及它们之间的协调关系

在模型空间按 1：1 制图。在图纸空间按打印需要设置比例。

90. 如何将视口的边线隐去

照教材所讲，制作了一个样板图。有几个问题不明白：

（1）如何将视口的边线隐去？

（2）如何让图幅线与介质的边线吻合？

（3）样板图如何使用？

第一个问题用图层来控制，把视口建在单独的图层，关闭该图层就可以隐去视口的边线。

第二个问题，如果图幅线（图框）是用块的方式，那么只要知道布局中的可打印区域就能定位了。

第三个问题就不知道你想了解什么了？我们每开始一个新文件都是在某个样板中开始工作的。

91. 用的是 AutoCAD2000 简体中文版，在设置图形界限后，发现一个问题，有的时候将界限设置的再大，在作图的时候一下就到边界了，老是提示移动已到极限，不知道是什么原因

这是实时平移和实时缩放的局限，与图形界限无关。实时平移和实时缩放都有一定的范围限制，当到达这个极限时，只有"重生成"后才可继续执行实时平移和实时缩放。

（1）输入命令 LIMITS，回车或点击鼠标右键；

（2）确认左下角位置，默认为原点（0,0）（回车或点鼠标右键）；

（3）输入右上角位置，键入希望的位置（如1:1-A3为420,297），确认；

（4）输入命令Z---A，就可画出你设定的范围了。

92. 如何把图中产生的小点去除？没有运行任何命令，只不过在图中乱点，就出现这种现象，以前没有，可是我刚刚安装了一些软件，这些点运行了刷新就没有了，为什么

是command: R

也可设置系统变量BLIPMODE=0，就再也不会有这些点了。在ACAD2000以前，默认的BLIPMODE=1（ON），在拾取点就留下这样的痕迹。如果是因为安装什么软件产生的，可以找到它的样板文件，将BLIPMODE关闭，否则的话，每张图都得设置一次。

93. 以前用3D鼠标，滚轮键按下是平移命令，现在变成了捕捉设置，怎样改回去

直接在命令提示下输入 MBUTTONPAN，系统将提示输入新值。设置系统变量MBUTTONPAN=1。

94. 在AUTOCAD2000中如何量出某条圆弧的长度，如果长度确定为125厘米要如何画圆弧

用lengthen命令，可以知道弧长，也可改变弧长。

95. 如何在2002设计中心中自制图库

在一个文件中，把要包括在该图库中的东西都做成块。然后在"AutoCAD 今日"对话框上进入"符号库"，点击边上的"编辑"。进入后点击"添加链接"，找到保存的文件，把库名换成你想要的名称。

96. 如何绘制任一点的多义线的切线和法线

用构造线，指定点时先用垂足捕捉，然后系统会让其指定通过点，这时在多义线（现在的中文版中称为多段线）上指定任意点，就可得到通过该点的法线，法线有了再画切线就没什么问题了。

97. 请问有什么方法可以将矩形的图形变为平行四边形，主要是想反映一个多面体的侧面，但又不想用三维的方法

不知你用的是拉伸命令还是夹点编辑方式，但不管什么方式，都是可以让多个点一起移动的。

用STRETCH命令，要用交叉窗口或交叉多边形选择要拉伸的对象，把要移动的点包括在选择窗口中（如矩形的一个边）就可以让两个点一起移动。用夹点编辑方式，在选择蓝色夹点时按住SHIFT键，可以让多个点都变色，放开SHIFT键后再点击其中的一个变色点就进入夹点编辑，可以让多个点一起移动。

98. 请问什么是ACAD"哑图"

只有图线和尺寸线，没有尺寸值的现成的图纸。这是以前绘图时的偷懒做法，现在用计算机制图应该不提倡这样做。

99. 既然有分解（EXPLODE）命令，那反过来用什么命令（不用"块"命令）

使用"GROUP"命令可以做类似的工作。还要看分解的对象是什么，如果是多段线，分解后可以合并，"GROUP"命令可以完成

100. 为什么 CAD2000 堆叠按钮不可用

堆叠的使用,一是要有堆叠符号(#、^、/),二是要把堆叠的内容选中后才可以操作。

101. 如何画三维的多义线?感觉 CAD200X 好像没有这样的功能(仅限于用工具条)

在默认的工具条上是没有。可以在"绘图"菜单中用,也可键盘输入 3dpoly。经常用的话也可自定义工具条。

续问:想试试沿三维多义线/或三维样条曲线拉伸一个面型,例如正三角。因为沿三维样条反复位伸不成,所以就想:如果能画出光滑的三维多义线,不知是否能拉伸?所以说如何画光滑的三维多义线

这是做不到的,三维多段线只能是直线段。当然,如果线段的长度足够短,也就接近光滑。所以有一些小程序就是用这样的方法来做三维拉伸。但是,三角形截面拉伸会出现扭曲。

102. 怎么将 L 画的线变成 PL 的

用 PEDIT 命令,编辑多段线,其中有合并(J)选项。

103. 在模型空间里画的是虚线,打印出来也是虚线,可是怎么到了布局里打印出来就变成实线了呢?在布局里怎么打印虚线

估计是曾经在软件中改变了线形比例,同时是采用的"比例到图纸空间"的方法(这是 CAD 的默认方法)。在线形设置对话框中把"比例到图纸空间"前的钩去掉试试。

104. 描述一个在纸样空间里的线型比例问题,在模型空间里设定好的线形,到纸样空间里却无法显示

这有两种情况,如果仅要求在图纸空间看着线型是合适的,而不考虑在模型空间的显示,那么把线型比例改回去就可以了。如果想在图纸空间和模型空间都看着合适,那么在设置线型比例同时把"比例到图纸空间"前的那个钩去掉就可以了。

PSLTSCALE 为 0,即可。模型空间中画图最好是 1:1,否则编辑起来很麻烦!

105. 为什么使用了打印样式表后,打印彩色线条时还是虚线,要怎样设置才对

有两种方法设置打印,如果是颜色相关打印,不能改变图层管理器中的打印样式设置。另一种是命名打印样式。

106. 有人用 ACAD2000 中文版画了 140 多张图纸拷贝给我,作为修改竣工图。该图纸有相当一部分的图线是用 PLINE 多段线加粗的,我用 ACAD2000 中文版和 ACAD2002 中文版在打印时,PLine 多段线却不能显示粗线,用 Line 直线(包括其他弧线)在图层上定义的粗线却能显示粗线,我设置了多种打印方式却依然如故

当 PLINE 线设置成宽度不为 0 时,打印时就按这个线宽打印。如果这个多段线的宽度太小,就出不了宽度效果(如以毫米为单位绘图,设置多段线宽度为 10,当你用 1:100 的比例打印时,就是 0.1 毫米)。所以多段线的宽度设置要考虑打印比例才行。而宽度是 0 时,就可按对象特性来设置(与其他对象一样)。

107. 用 AutoCAD2000 作图,用 PLINE 的粗线,线宽为.25,在 R14 下打印,结果都是细线,粗线没有打出来,后来把粗线线宽改为.3 还是不行,最后改为.35 结果打印出来正常,这是为什么?把每张图纸都改变线宽太费事,R14 有没有设置一次解决此问题的方

法呢

本来打印就不应该用这样的方法来设置，而是用打印笔宽设置。R14 下面是根据颜色来定义线的宽度，那个线宽不受比例的影响，其值的单位是毫米。线宽在打印对话框中确定。

PL 线通常在建模的时候采用，平面用有颜色的单线就可以了，打印输出时，如果用的比例不同，使用 PL 线就要根据比例调整宽度。有问题的图恐怕就是线宽与出图比例不相符。还是建议用颜色线条笔宽控制打印。

对于彩喷打印机，如果按颜色设定笔宽就会打印出彩色线条了。把笔号改成 7 号，就是打印黑色的了。

108. 以前在运行命令 SOLPROF 时，视口里可以显示多个轮廓。可是这两天用 CAD2004 在运行同样的命令时，却不能显示轮廓了，但可以选择、可以打印。请问各为 DX 不知道是不是有什么参数被我无意修改了，还是别的原因

这样的做法等于把轮廓投影了四次。系统采用在新视口中冻结该图层（PV）。这样的话可以直接把模型在模型空间复制并调整好方向后进入布局再做设置轮廓的操作。这样四个对象就可以一次投影了。

109. 什么是面域、块、实体？能否把几个实体合成一个实体，然后选择的时候一次性选择这个合并的实体

面域是用闭合的外形环绕创建的二维区域。块是可组合起来形成单个对象（或称为块定义）的对象集合（一张图在另一张图中一般可作为块）。实体有两个概念，其一是构成图形的有形的基本元素，其二是指三维物体。对于三维实体，可以使用"布尔运算"使之联合，对于广义的实体，可以使用"块"或"组（group）"进行"联合"。

110. 介绍一下自定义 AutoCAD2000 的图案填充文件

填充的图案并无相对应的图案文件，定义图案形状的文件是 SUPPORT 目录下的 ACAD.PAT 和 ACADISO.PAT，图案都是通过定义不同的线型及相应角度而组成的，可以参照 ACAD.PAT 和 ACADISO.PAT 编制存成 PAT 文件定义填充图案，但不能是任意图案，比如不能存在圆弧。

111. 浅析一下 DXF 文件格式

DXF-Drawing Exchange File（图形交换文件），这是一种 ASCII 文本文件，它包含对应的 DWG 文件的全部信息，不是 ASCⅡ 码形式，可读性差，但用它形成图形速度快。不同类型的计算机哪怕是用同一版本的文件，其 DWG 文件也是不可交换的。为了克服这一缺点，AutoCAD 提供了 DXF 类型文件，其内部为 ASCⅡ 码，这样不同类型的计算机可通过交换 DXF 文件来达到交换图形的目的，由于 DXF 文件可读性好，用户可方便地对它进行修改、编程、达到从外部图形进行编辑、修改的目的。

112. 请问如何输入 2.5 维绘图中的极坐标（角度）

这样的说法不太确切，因为是指的立体制图（因为有些书中把以原来的二维制图方法加上标高与厚度这种立体制图称为二维半）还是画轴测图（CAD 中有一个等轴测图功能）？

如果是画轴测图那就不是二维半。画轴测图中如果用坐标输入，那么三个正交方向的角度分别是 30（210）度、150（330）度、和 90（270）度。如@100<30。

113. 谁能告诉 CAD 所有的快捷命令

打开 CAD 安装目录下的 support 目录下的 acad.pgp 文件，里面就是所有快捷命令了。

acad.pgp 文件定义的是 CAD 的命令别名，不是快捷键，希望不要搞错概念。命令别名是在命令行输入后按回车键执行的命令输入方法。而命令别名是直接按键就执行的命令。如 CTRL+C 为复制，CTRL+2 为打开设计中心。

114. 在建筑图插入图框时不知怎样调整图框大小？

图框是按标准图号画的，在使用时就是要考虑到打印比例的问题。所以要根据图形大小计算一个打印比例。假如这个比例是 1：50，那么在用图框时就是把图框放大 50 倍，打印时缩小 50 倍就正好是原图框的大小。

115. 总看到说矢量化，究竟什么是矢量化啊

所谓的矢量化就是将由色点组成的位图文件转换成由有方向向量元素组成的图形文件。

位图：常用的格式有 BMP、JPG、TIF、等，它们是由许多的色点组成，分辨率越高，色点就越多，文件的尺寸就越大，色点没有具体的含义，仅仅表示他所在位置的颜色。

矢量图：用数据（坐标和方向向量）来表示图形，并不会因为图形的放大而改变文件尺寸，即使有所改变也不会太大，且没有分辨率的概念，即不会因为图形的放大或缩小而引响图形的显示。

这是计算机中的图形记录方式，除了矢量图还有光栅图。矢量图在定义一条线时是按线段长度与方向来定义的。而光栅图是由点排列而成。光栅图在放大时就形成"台阶式"，图像质量降低。

116. ACAD2002 中 FILLMODE 参数为 1，0，打印出来的都只有线框图，求教如何打出表面实形

如果是 2004 版，那就非常简单，可以打印屏幕效果。如果不是 2004，这种着色效果就不能直接打印了，要先处理成图片，再插入图片才可以，或做渲染后打印。

注意：

（1）按 Print Screen 键，拷贝屏幕，粘贴至 Photoshop 处理。

（2）渲染（Rander）文件之后，Photoshop 处理。

117. 定数等分的点，其坐标有无办法输出，而不用逐个点去查坐标然后纪录，点太多最好的办法是编程处理。当然，不编程也是有办法的。可以用快速选择的办法把这些点先选中，最后用列表命令得到这些点的坐标。最后在文本窗口中再复制相关内容，粘贴到其他应用程序中再作处理。

笔者的心得是将待处理图形另拷一份，定数等分后，删除原图形，这样只剩下定数等分的点，全选中，然后用列表命令得到这些点的坐标。复制后把点坐标做成 Excel\Word。做好后，可以将坐标文件贴到原来的图上。

118. 在图纸空间里的虚线比例设置好，并且能够看清，但是布局却是一条实线，打

印出来也是实线

这和线型比例因子有关。如果想要在模型空间和图纸空间都看着合适要把附图中红线处的钩去掉。如果钩上了的话，那么为保证从图纸空间打印时正确表现线型，就不能保证模型空间的效果是合适的。

119. 常见快捷键

1）字母类

（1）对象特性。

ADC：ADCENTER（设计中心"CTRL + 2"）；

CH，MO：PROPERTIES（修改特性"CTRL + 1"）；

MA：MATCHPROP（属性匹配）；

ST：STYLE（文字样式）；

COL：COLOR（设置颜色）；

LA：LAYER（图层操作）；

LT：LINETYPE（线形）；

LTS：LTSCALE（线形比例）；

LW：LWEIGHT（线宽）；

UN：UNITS（图形单位）；

ATT：ATTDEF（属性定义）；

ATE：ATTEDIT（编辑属性）；

BO：BOUNDARY（边界创建，包括创建闭合多段线和面域）；

AL：ALIGN（对齐）；

EXIT：QUIT（退出）；

EXP：EXPORT（输出其他格式文件）；

IMP：IMPORT（输入文件）；

OP，PR：OPTIONS（自定义CAD设置）；

PRINT：PLOT（打印）；

PU：PURGE（清除垃圾）；

R：REDRAW（重新生成）；

REN：RENAME（重命名）；

SN：SNAP（捕捉栅格）；

DS：DSETTINGS（设置极轴追踪）；

OS：OSNAP（设置捕捉模式）；

PRE：PREVIEW（打印预览）；

TO：TOOLBAR（工具栏）；

V：VIEW（命名视图）；

AA：AREA（面积）；

DI：DIST（距离）；

LI：LIST（显示图形数据信息）；

（2）绘图命令。

PO：POINT（点）；

L：LINE（直线）；

XL：XLINE（射线）；

PL：PLINE（多段线）；

ML，：MLINE（多线）；

SPL，：SPLINE（样条曲线）；

POL：POLYGON（正多边形）；

REC：RECTANGLE（矩形）；

C：CIRCLE（圆）；

A：ARC（圆弧）；

DO：DONUT（圆环）；

EL：ELLIPSE（椭圆）；

REG，：REGION（面域）；

MT，：MTEXT（多行文本）；

T：MTEXT（多行文本）；

B：BLOCK（块定义）；

I：Insert（插入块）；

W：WBLOCK（定义块文件）；

DIV：DIVIDE（等分）；

H：BHATCH（填充）；

（3）修改命令。

CO：COPY（复制）；

MI：MIRROR（镜像）；

AR：ARRAY（阵列）；

O：OFFSET（偏移）；

RO：ROTATE（旋转）；

M：MOVE（移动）；

E，DEL 键：ERASE（删除）；

X：EXPLODE（分解）；

TR：TRIM（修剪）；

EX：EXTEND（延伸）；

S：STRETCH（拉伸）；

LEN：LENGTHEN（直线拉长）；

SC：SCALE（比例缩放）；

BR：BREAK（打断）；

CHA：CHAMFER（倒角）；

F：FILLET（倒圆角）；

AutoCAD 2000 快捷命令的使用；

PE：PEDIT（多段线编辑）；

ED：DDEDIT（修改文本）；

（4）视窗缩放。

P：PAN（平移）；

Z+空格+空格，实时缩放；

Z：局部放大；

Z+P：返回上一视图；

Z+E：显示全图；

（5）尺寸标注。

DLI：DIMLINEAR（直线标注）；

DAL：DIMALIGNED（对齐标注）；

DRA：DIMRADIUS（半径标注）；

DDI：DIMDIAMETER（直径标注）；

DAN：DIMANGULAR（角度标注）；

DCE：DIMCENTER（中心标注）；

DOR：DIMORDINATE（点标注）；

TOL：TOLERANCE（标注形位公差）；

LE：QLEADER（快速引出标注）

DBA：DIMBASELINE（基线标注）；

DCO：DIMCONTINUE（连续标注）；

D：DIMSTYLE（标注样式）；

DED：DIMEDIT（编辑标注）；

DOV：DIMOVERRIDE（替换标注系统变量）；

2）常用 CTRL 快捷键

【CTRL】+1：PROPERTIES（修改特性）；

【CTRL】+2：ADCENTER（设计中心）；

【CTRL】+O：OPEN（打开文件）；

【CTRL】+N、M：NEW（新建文件）；

【CTRL】+P：PRINT（打印文件）；

【CTRL】+S：SAVE（保存文件）；

【CTRL】+Z：UNDO（放弃）；

【CTRL】+X *CUTCLIP（剪切）；

【CTRL】+C：COPYCLIP（复制）；

【CTRL】+V：PASTECLIP（粘贴）；

【CTRL】+B：SNAP（栅格捕捉）；

【CTRL】+F：OSNAP（对象捕捉）；

【CTRL】+G：GRID（栅格）；

【CTRL】+L：ORTHO（正交）；

【CTRL】+W：对象追踪；

【CTRL】+U：极轴；

3）CAD 常用快捷键

AIT+O+C：颜色（以下省 AIT+O）；

+N：线型；

+L：图层；

+W：线宽；

+S：文字样式；

+D：表注样式；

+Y：打印样式；

+P：点样式；

+M：多线样式；

+V：单位样式

+T：厚度；

+A：圆形界线；

+R：重命名；

绘图用（直接命令）：

OT：单行文字；

T：多行文字；

B：创建块（重）；

I：插入块（重）；

A：弧线；

MI：镜像；

M：移动（关于这个命令还是试试吧）；

SC：比例；

LEN：拉伸（重）；

F1～F11 的作用：

F1：帮助；

F2：文本窗口；

F3：对象捕捉；

F4：（忘了）；

F5：等轴测平面；

F6：坐标；

F7：栅格；

F8：正交；

F9：捕捉；

F10：极轴追踪；

F11：对象追踪；

顺便加个金属材质的调节数据：

金属：100/20/50，反光 100

CAD 常用快捷键；

AutoCAD2002 快捷键；

3A：使用物成 3D 阵列；

3DO：旋转空间视角；

3F：创建 3F 面；

3P：指定多线段的起点；

A：圆弧；

AA：计算机面积和周长；

AL：对齐

AR：阵列；

ATT：属性定义；

ATE：块属性；

B：定义块；

BH：定义图案填充；

BO：创建边界；

BR：打断；

C：圆；

CH：修改物体特性；

CHA：倒直角；

COL：颜色；

CO：复制；

D：标注设置；

DAL：标注；

DAN：角度标注；

DBA：圆弧标注；

DCE：圆心标记；

DCO：连续标注；

DDI：测量圆和圆弧直径；

DO：同心圆环；

DOV：修改标注变量；

DRA：标注半径；

DIV：等分；

DI：测量；

DT：输入文本；

DV：相机调整；

E：删除；

ED：修改文本；

EL：椭圆；

EX：延伸；

EXIT：退出；

EXP：输出数据；

EXT：拉伸；

F：倒圆角；

FI：选择过滤器；

G：对象编组；

GR：选项；

H：填充；

HE：关联填充；

I：插入图元；

IMP：输入文件；

IN：布尔运算合集；

IO：插入文档程序；

L：线；

LA：图层编辑；

LE：文字注释；

LEN：修改对象长度等数值；

LI：对象特性显示；

LO：布局选项；

LS：命令历史纪录；

LTC：线型设置；

LWC：线宽设置；

LTS：新线形比例因子；

MC：移动；

ME：等分；

ML：多样线；

MT：文本；

OS：捕捉设置；

O：偏移；

OP：选项；

orBIT：旋转；

P：平移；

Pl：连续线；

Po：点；

Pol：多边形；

PR：选项；

PRE：页视图面；

PRINT：打印；

PU：清理；

PE：修改多段线；

REA：重画；

REN：重命名；

REC：矩形；

REV：旋转成三维面；

RO：旋转物体；

S：拉伸；

SCL：缩放；

SCR：脚本文件；

SEC：切实体；

SHA：着色；

SL：切面；

SN：指定捕捉间距；

SP：拼写检查；

SPL：样条曲线；

SI：文字样式；

SU：布尔运算；

TO：自定义工具栏；

TOR：三维圆环；

TR：修剪；

UC：用户声标；

UNI：合并三维体；

V：视图；

VP：视点设置；

W：编写块；

X：分解；

XA：样参照文件；

XB：外部参照锁定；

XC：剪裁；

XL：参考线；

XR：外部参照管理；

Z：缩放；

附录二 CAD 制图练习

1. 根据已知条件作出如附图 1 所示平面图形，建立图层 1，线型、颜色、线宽均为默认值，在图层 1 画图，在 0 层标注尺寸，并以"考试 1.dwg"保存图形。

2. 按照如附图 2 所示，把图形分成文字层（颜色为红色）、连线层（颜色为黑色）、元件层（颜色为蓝色），分别在各层中绘制图形，各层线型为默认，并以"考试 2.dwg"保存图形。

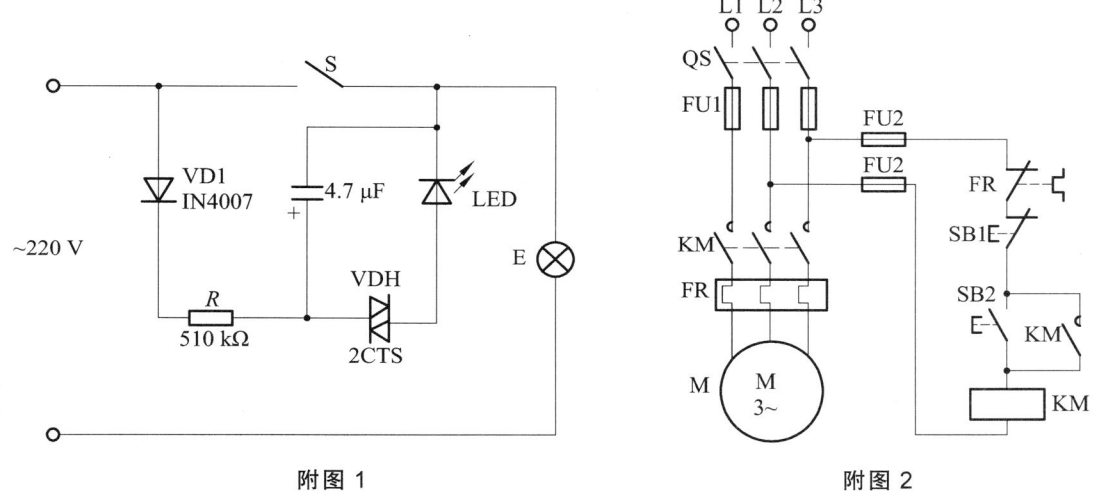

附图 1   附图 2

3. 根据已知条件作出附图 3（a）、(b)、(c) 所示平面图形，建立图层 1，线型、颜色、线宽均为默认值，在图层 1 画图，在 0 层标注尺寸，并以"考试 3.dwg"保存图形。

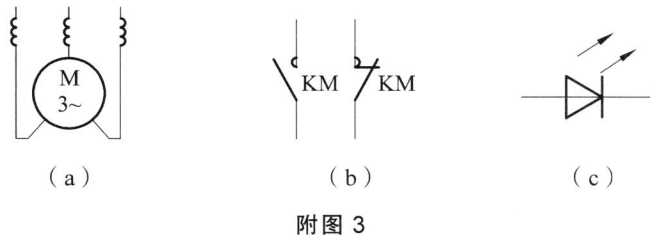

附图 3

4. 按照如附图 4 所示把图形分成文字层（颜色为红色）、连线层（颜色为黑色）、元件层（颜色为蓝色），分别在各层中绘制图形，各层线型为默认，并以"考试 4.dwg"保存图形。

5. 绘制如附图 5 所示的简单图形，并以"考试 5.dwg"保存图形。

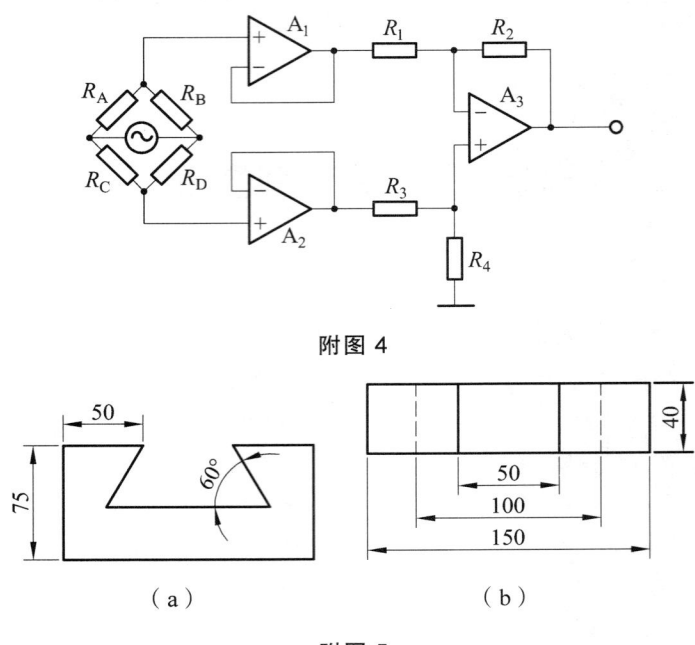

附图 4

附图 5

6. 绘制如附图 6 所示图形，利用绝对直角坐标、相对直角坐标、绝对极坐标和相对极坐标精确绘图，并以"考试 6.dwg"保存图形。

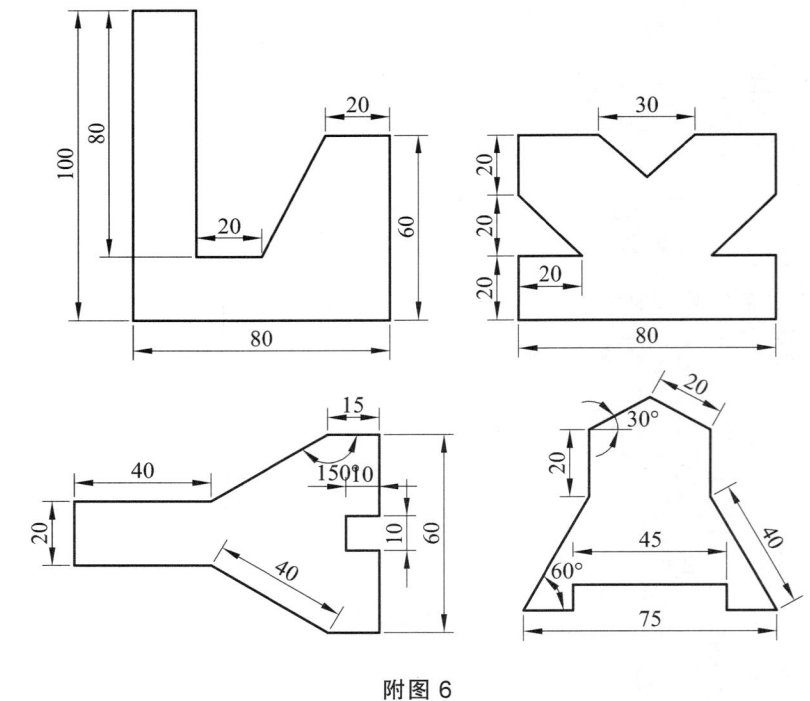

附图 6

7. 绘制如附图 7 所示的手柄，无须标注尺寸，并以"考试 7.dwg"保存图形。

8. 绘制如附图 8 所示的棘轮，并以"考试 8.dwg"保存图形。

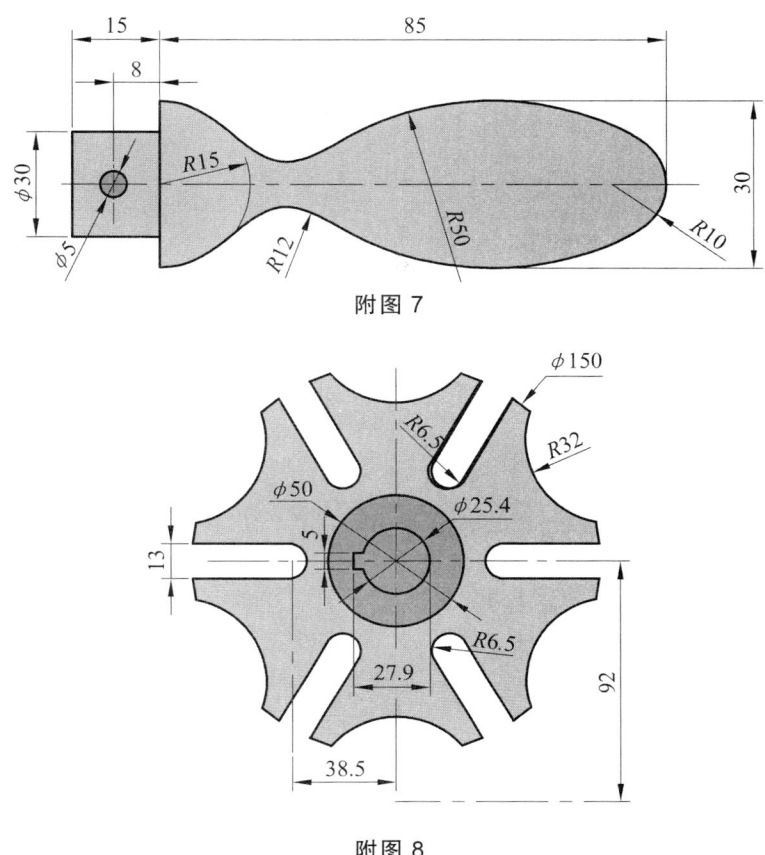

附图 7

附图 8

9. 绘制如附图 9 所示的组合体三视图,并以"考试 9.dwg"保存图形。

10. 绘制如附图 10 所示的手柄,无须标注尺寸,并以"考试 10.dwg"保存图形。

11. 绘制如附图 11 所示的标题栏,并根据要求填写标题栏中的文字和书写技术要求,并以"考试 11.dwg"保存图形。

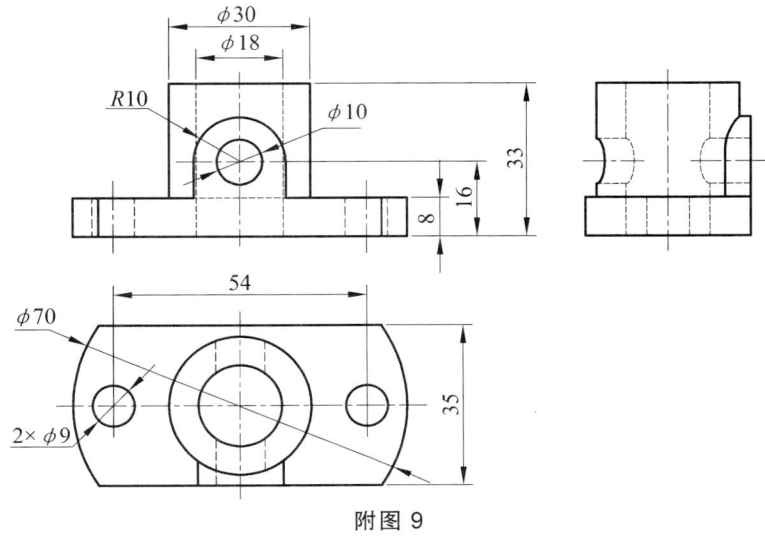

附图 9

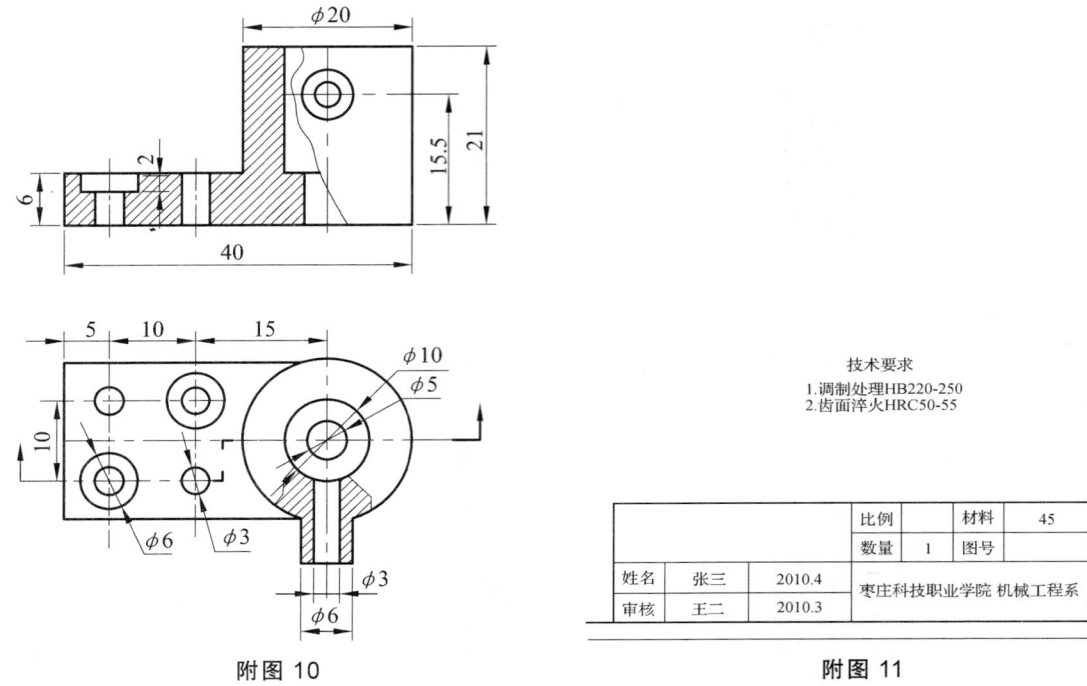

附图 10 附图 11

12. 绘制如附图 12 所示的阶梯轴并标注尺寸，并对图所示的阶梯轴进行粗糙度标注，并以"考试 12dwg"保存图形。

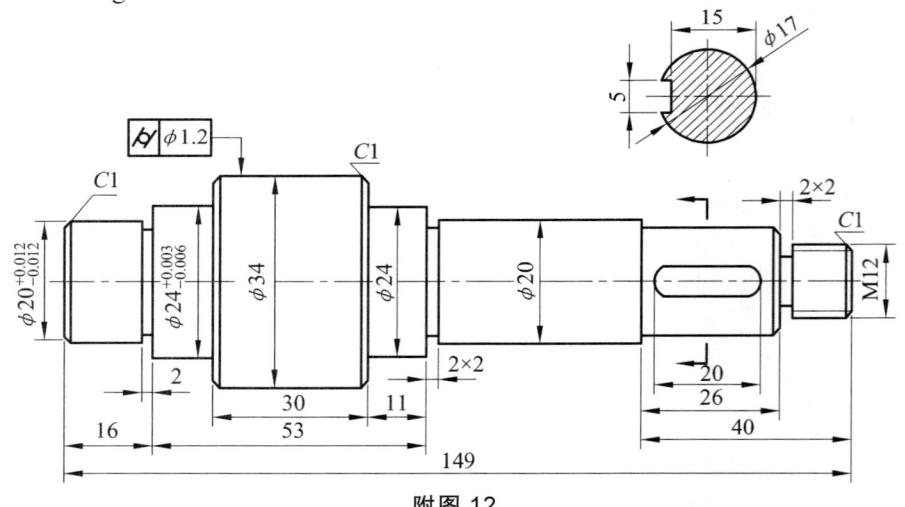

附图 12

13. 创建标题栏写块，如附图 13 所示，绘制块的图形，定义属性，保存写块、并根据保存路径找到该写块并插入到图形文件中，并以"考试 13.dwg"保存图形。

（零件名称）		比例		材料	
		数量		图号	
姓名		××学院			
审核					

附图 13

14. 绘制如附图 14 所示的齿轮轴，要求如下。
（1）创建包括标题栏、粗糙度等常见要素的样板图。
（2）绘制齿轮轴并标注尺寸。
并以"考试 14.dwg"保存图形。

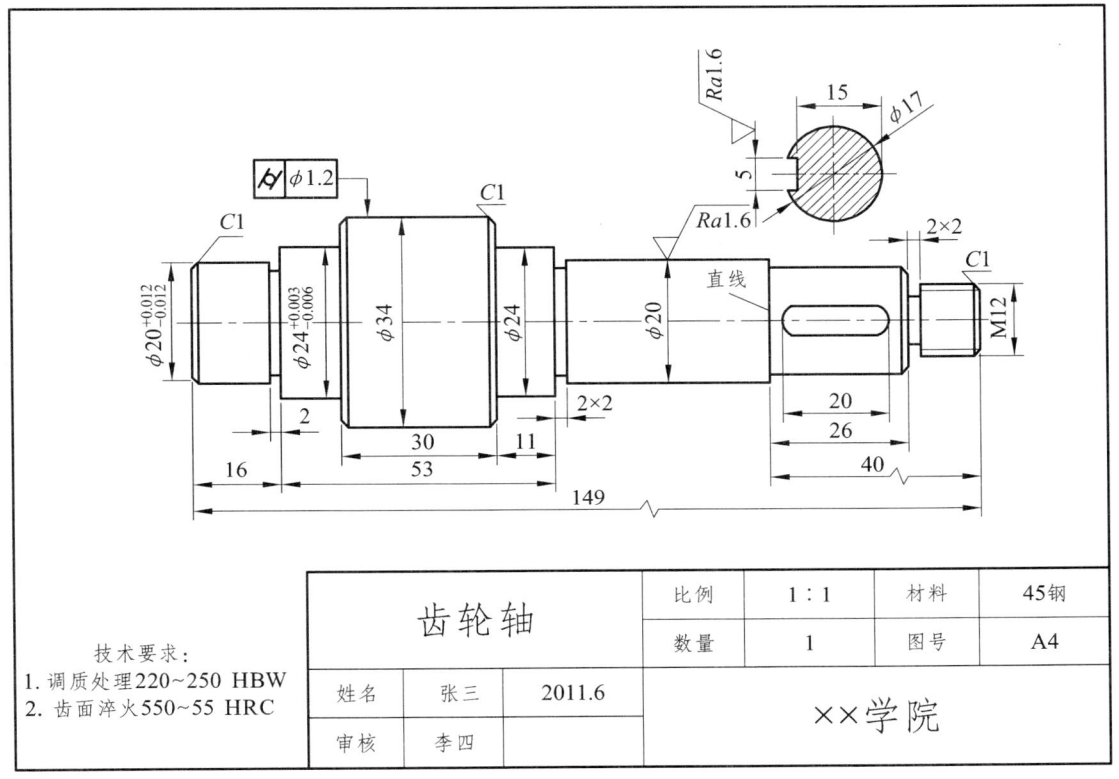

附图 14

参考文献

[1] 刘小燕,李秋生,袁新娣. 一种快速精确的反走样直线算法及其在嵌入式系统中的实现[J]. 安徽大学学报(自然科学版).

[2] 孙勐. 建筑电气设计探讨[J]. 建筑知识.

[3] 严兰兰,韩旭里. 3次均匀B样条曲线的保形扩展[J]. 计算机应用研究. 2017(01).

[4] 郭强辉,徐召,谢远锋. 电缆网电路图自动布图算法的研究与系统实现[J]. 计算机工程与应用.

[5] 李莉. AutoCAD 2010参数化特性[J]. 科教文汇(下旬刊). 2016(10).

[6] 葛新广,刘宇桦,苏发财. 基于AutoLISP的程序化绘制桥梁承台施工图的应用开发[J]. 广西科技大学学报. 2016(04).

[7] 戚剑瑾. AutoCAD实例教学法的实践与成就[J]. 海峡科技与产业. 2016(09).

[8] 刘侠. 计算机自动绘制技术在采矿工程制图中的应用[J]. 电子制作. 2016(20).

[9] 郭姣,石长元. 浅析Civil 3D在总图设计中的运用[J]. 天然气与石油. 2016(05).

[10] 荣波. 基于系统思维与方法的计算机辅助设计教学改革研究[J]. 艺术科技. 2016(10).

[11] 王光琼,任登波. 软件工程课程教学改革与实践[J]. 电脑知识与技术. 2016(23).

[12] 窦小丽,邢晓红.《CAD/CAM综合实验》课程教学改革初探[J]. 山东工业技术. 2016(23).

[13] 范振钧,齐悦. 面向职业能力培养的操作系统课程教学改革研究[J]. 现代交际. 2016(13).

[14] 吴金舟.《java程序设计》课程教学改革研究与实践[J]. 教育教学论坛. 2016(45).

[15] 蔡文青,梁斌,朱东芹,彭邦国. 信息管理与信息系统专业实践教学改革探究[J]. 计算机教育. 2009(04).

[16] 刘昌余,鲁斌. 探究非计算机专业C++面向对象程序设计课程教学改革[J]. 现代计算机(专业版). 2016(24).

[17] 武永成. 应用型本科院校计算机专业C++教学改革研究[J]. 教育教学论坛. 2015(25).

[18] 柯林华. 工程CAD课程教学改革与探讨[J]. 黑龙江科技信息. 2014(22).

[19] 买凯乐. 高职院校《Visual Basic程序设计》课程教学改革探索[J]. 科技信息. 2013(18).

[20] 门秀萍.《面向对象程序设计》课程教学改革的探索与实践[J]. 淮海工学院学报(人文社会科学版). 2013(10).

[21] 舒飞,李华,等. AutoCAD 2005电气设计[M]. 机械工业出版社,2005.

[22] 高满茹. 建筑配电与设计[M]. 中国电力出版社,2003.

[23] 陈冠玲,曹菁. 电气CAD[M]. 高等教育出版社,2005.